赵陈樑 —— 编著

心智

带宽

中国纺织出版社有限公司

内 容 提 要

人人都渴望掌控自己的命运，主宰自己的生活，却常常感到无能为力。哪怕已经上了很多培训班，考取了各种证书，提升了知识水平，却依然如同蚍蜉撼大树，根本无法改变命运半分，这是大多数人的困境。这使得人们感到疲惫、沮丧和绝望，甚至渐渐地对人生失去了希望。这是因为我们常常陷入固有的心智模式中，无法挣脱，无法改变，导致生活也如同一潭死水，激不起任何波澜。要想彻底改变现状，我们就要突破心智模式，重塑心智结构，这样才能走出人生的困局，实现飞跃。

图书在版编目（CIP）数据

心智带宽 / 赵陈樑编著. -- 北京：中国纺织出版社有限公司，2025.3. -- ISBN 978-7-5229-2302-4
Ⅰ. B848.4-49
中国国家版本馆CIP数据核字第20249MX223号

责任编辑：柳华君　　责任校对：高　涵　　责任印制：储志伟

中国纺织出版社有限公司出版发行
地址：北京市朝阳区百子湾东里A407号楼　邮政编码：100124
销售电话：010—67004422　传真：010—87155801
http://www.c-textilep.com
中国纺织出版社天猫旗舰店
官方微博 http://weibo.com/2119887771
天津千鹤文化传播有限公司印刷　各地新华书店经销
2025年3月第1版第1次印刷
开本：880×1230　1/32　印张：7
字数：124千字　定价：49.80元

凡购本书，如有缺页、倒页、脱页，由本社图书营销中心调换

前　言

　　为了更好地生存和发展，很多人都已经竭尽全力，坚持做自己认为该做的事情，坚持付出努力，坚持迎向困难、战胜困难，坚持咬紧牙关，试图熬过最艰难的时刻。但是，一切的坚持仿佛并没有得到预期的结果，就连现状也顽固地保持着，没有任何改变。面对始终原地打转的自己，哪怕用尽全力打出一拳头，也如同打在棉花上一样软绵绵的，毫无力道可言。最终，我们被颓废、沮丧、绝望的情绪淹没，忍不住想要放弃，却依然心有不甘：难道一切都只能这样了吗？

　　不甘心就对了。不甘心，说明我们不愿意被动地接受命运的安排，说明我们不想被命运耍弄，说明我们还心存一丝希望。不甘心，我们就会试图改变，就会继续勇敢地尝试，就会依然不遗余力地拼搏。有人说，每个人看到的世界都不是世界真实的模样，而是自己心中折射出来的世界的模样。的确如此。人带有强烈的主观色彩，不管是看待自己，还是感受周围的人和各种事物，都会在无意识的状态下进行心理加工。在坚持成长的过程中，人们形成了固定的思维模式，也对于世界形成了带有自身局限的认知。这就是心理学领域提出的心智模式概念，也可以叫作心智模型。在感到绝望和无助的时刻，我们并非不够聪明、不够勤奋、不够努力，而是因为站在错误的地方，以错误的视角看待世界，选择了错误的思维模式，从错误的角度思考问题。简言之，心智模式蒙蔽了我们，限制了我们，使我们一叶障目，不见泰山，也由此而闭目塞听，如同被蒙上了眼睛的驴一样原地转圈，还自以为已经走了很远。

为了突破困局，我们必须扩大心智带宽，突破心智束缚。心智既是一种思维的模式，也是一种生活的方式。心智涉及心理学层面的各种问题，看似与普通人的生活相隔甚远，实际上渗透于普通人的生活和工作之中，所起到的影响更是涉及方方面面。

要想了解心智，我们首先要有正确的认知。顾名思义，认知就是获得知识和运用知识的过程，也是进行信息加工的过程。在这个过程中，人类调动各种能力参与其中，大脑正是以持续地进行认知活动的方式坚持学习的。正是因为对无数事物都形成了认知，我们才能构建心智模型。可想而知，每个人的心智模式都是在长期学习和成长的过程中形成的，因而各不相同。要想改变心智模式，拓宽心智带宽，切勿急于求成，而是要从修正和改变认知开始做起。

首先，我们要明确地认知自己。人们常说自己是最熟悉的陌生人，这句话很有道理。世界上有各种复杂的事物，对每个人而言，自己是最难认知的。正如一首诗所说的，"不识庐山

前言

真面目，只缘身在此山中"。通常情况下，我们认知自己总不如认知他人来得容易，就是因为对自己是置身事内，而对他人则是置身事外。唯有认识到自己的不足和长处，我们才能本着"扬长避短、取长补短"的原则，更好地发展和成长。

其次，我们要全面客观地认知各种问题。在人生中，每个人都会遇到各种各样的难题，要想解决问题，就要保持理性，面面俱到地认知和分析问题，才能找到问题的根源，解决问题的症结，也才能从当下的困局中摆脱，站在更高的位置上统观全局，运筹帷幄。要透过现象看本质，必须重建认知，迭代认知，才能真正做到认知突围和升级。

最后，要从整体到局部再到整体地认知事物。面对同一件事情，不同的人从不同的角度出发看待，就会得到不同的结论。因而，唯有打破固有的认知模式，从崭新的视角全面地看待事物，我们才会形成新的认知，也就摆脱了已形成的认知模式的局限。

总之，人人都要坚持自我认知，拓展心智带宽，这样才能避免像井底之蛙一样只看到眼前的方寸之地。世界这么大，我要去看看，不但要看到世界之大无奇不有，也要看到世界的精彩绝伦。认知，决定心智；心智，决定人生！

编著者

2024年8月

目 录

第一章 心智带宽,积极推动自我认知 — 001

- 什么是心智带宽 … 002
- 准确认知自己 … 005
- 业余和专业的天壤之别 … 010
- 谨慎涉足陌生领域 … 015
- 切勿盲目攀比 … 019
- 避开自己的认知盲区 … 023

第二章 认知优化,给予人生无限可能 — 029

- 认知优化的关键在于学习 … 030
- 坚持练习,"点知识成金" … 035
- 善于交流,有效促进认知升级 … 040
- 突破固有的思维模式 … 045
- 掌握破局思维,才能突破困境 … 049
- 积极乐观,坚信"我能行" … 053
- 不想当将军的士兵不是好士兵 … 057

第三章 重建内心,致力解决内外冲突 — 065

- 人生还有第三种选择 … 066
- 大多数天赋都是勤学苦练得来的 … 070
- 与其困于瓶颈,不如突破瓶颈 … 075
- 随遇而安,未尝不可 … 079
- 在浮躁的世界里潜下心来 … 083

089 第四章 精准努力，实现精进人生目标

什么都做，不如什么都不做 … 090
运用"二八法则"管理时间 … 094
努力不是花拳绣腿 … 098
既要想到，也要做到 … 102
不被他人的评价所影响 … 107
不要浪费时间进行无效社交 … 112
手机是时间的黑洞 … 117

123 第五章 自我赋能，紧跟时代脚步成长

不要自我设限 … 124
走好人生中的每一步 … 129
做下笨功夫的聪明人 … 133
勇敢跨界，创造奇迹 … 137
打造自己的核心竞争力 … 140
坚持深层次阅读，坚持思考 … 145
学以致用，能力超群 … 149

155 第六章 坚持自律，当机立断拒绝拖延

今日事，今日毕 … 156
坚持锻炼，意志力会越来越强大 … 161
保持内驱力，增强内驱力 … 165
当下，就是行动的好时机 … 170
训练解决问题的能力 … 173
害怕犯错才是最可怕的 … 178

目 录

183 | **第七章** 清除障碍，坚持终身成长，实现人生逆袭

任何成功，都离不开长期投入　…184

既要创新，也要脚踏实地　…189

不抱怨，才能心甘情愿付出　…193

明确目标，不再浑浑噩噩　…197

谁的优秀不是努力的结果　…202

拓展社交圈子，让人生有更多可能　…205

打破年龄怪圈，何时开始都不晚　…209

参考文献　…214

第一章 心智带宽,积极推动自我认知

对于自己,很多人既熟悉又陌生。熟悉的是镜子里自己的脸,陌生的是自己的内心。对自己缺乏了解和认知的人,往往无法准确地进行自我定位。他们常常陷入焦虑和迷茫之中,不知道人生该去向何方,去往何处。要想积极地推动自我认知,我们就要扩大心智带宽,对自己有全面深入的了解。

什么是心智带宽

塞德希尔·穆来纳森是哈佛大学的行为经济学家，在著作《稀缺》中，他首次提出了心智带宽的概念。所谓心智带宽，简要地说，就是心智的容量。心智带宽是人各种能力的基础，如认知力、自控力和行动力等，都是以心智带宽为支撑的。在处理所有问题的过程中，我们都需要运用心智带宽。当一个人的心智带宽处于较高的水平，那么他们不管做什么事情都心有余力，也会从容镇定。反之，当一个人的心智带宽处于较低的水平，那么他们就容易会失去理性，丧失判断力，很难面面俱到地考虑和权衡，也就无法做出明智的选择。他们还会急不可待地想要做成某件事情，却往往因为心急而导致事与愿违。面对生活中的各种诱惑，他们也很难保持理性与克制，常常会被诱惑吸引，导致自己的行为举止失当。一言以蔽之，当一个人的心智带宽降低，那么他的各种认知能力也会随之降低。反之，当一个人的心智带宽提高，那么他的各种认知能力也会提高。

一直以来，人们都想不明白为何世界上会出现贫富两极分化的现象，总感觉富人变得越来越富有，而穷人则一直被贫穷纠缠，生活穷困潦倒。这到底是为什么呢？

很久以前，有个特别贫穷的年轻人做起了生意，赚了很多钱。到了年老时，无儿无女的他决定把财产捐献出去。他回想自己努力奋斗一生的经历，认为自己能够赚钱是有道理的。为此，他决定给世人留下一道谜题：和富人相比，穷人最缺少的是什么？答对的人就能获得他的财产。留下这个谜题没多久，他就与世长辞了。工作人员把这个谜题刊登在报纸上，很快，答题的信件就如同雪片般飞来。到了揭晓答案的日子，公证处的人员来到现场，和工作人员一起打开富翁留下的答案。有一个女孩猜中了答案，获得了富翁留下的巨额奖金。那么，答案到底是什么呢？有人认为穷人缺少资金，有人认为穷人缺少机会，有人认为穷人缺少贵人相助，有人认为穷人缺少学识和修养……答案千奇百怪，而富翁和女孩的答案是"野心"。

有人采访女孩为何会给出"野心"作为答案，女孩笑着说："我的姐姐每次带着男朋友回家，都会警告我不要有野心。所以我想，野心一定是非常可怕、非常厉害的东西。"

其实，富翁为我们揭示了一个深刻的道理，即一个人如果连想都不敢想，那么他不可能有机会改变自己的命运，缔造属于自己的精彩人生。每个人都要革新自我认知，这样才能产生野心，激励自己突破现实的束缚，有所创新。现实生活中，大多数穷人都安于贫穷，他们只关心能否吃饱肚子，能否穿暖衣服，而不关心如何改变自己的命运，如何突破现实的困境。正因如此，他们没有多余的时间和精力思考自身的成长，也没有闲情逸致思考如何改变现状。

心智带宽就如同网络带宽一样，当某件事情消耗大量的网络带宽，那么其他的网络任务就会很卡顿，不能支持我们流畅地观赏电影。同样的道理，在现实生活中，一个人如果承受着很多事情，导致自己压力巨大，那么就会消耗心智带宽，使自己没有多余的时间和精力去关注其他重要的事情。举例而言，在热恋期间，每个沉浸在爱情中的男女都只能看到对方的优点，而无法看到对方的缺点。反之，等到恋爱的热情渐渐消退，在充满琐碎事务的相处中，他们就会只关注对方的缺点，而渐渐地遗忘了对方的优点。正因如此，人们才会说恋爱中的人智商为零，也才会说柴米油盐酱醋茶消耗了人们所有的浪漫与激情。

为了提升心智带宽，最好保持专注。在同一时间段内，不要同时关注和处理很多事情，否则就会分散心神，导致心智带宽降低，也导致我们失去当机立断的行动力，更丧失了掌控自我的能力。例如，在小长假或者漫长的假期时，不要把自己的日程安排得太满，而是要合理安排日程，给自己预留出休息的时间。人们常说，理想总是丰满的，现实总是骨感的。这是因为过满的日程未必能够实现，反而还有可能完全落空。相比之下，更加具有可行性的日程则更容易落实，也能够帮助我们拥有充实精彩的假期。从这个意义上来说，我们要学会克制自己的欲望，每次都保持专注地做好一件事情。不管是对于学习还是对于工作，都要做到劳逸结合，张弛有度，只有把适度的娱乐活动与紧张的学习和工作结合起来，才能让时间安排更加合理，也才能让自己紧张的大脑得到充分的休息。俗话说，磨刀不误砍柴工，如果总是惦记着堆积如山的工作，而不能彻底放松地休息，那么我们的神经就会始终保持紧绷的状态，学习和工作的效率也会越来越低。

罗马不是一天建成的，辉煌的人生更不可能一蹴而就获得。在漫长的生命旅程中，我们要学会调节自身的状态，努力拥有富足的心智带宽。如果能够做到这一点，那么哪怕生活很琐碎，甚至常常不如意，我们也能站得更高，看得更远，以博大的胸怀接纳所有的境遇，也以积极的心态面对人生和未来。

准确认知自己

现实生活中，很多人都处于浑浑噩噩的状态，他们对任何事情都提不起兴致来，总是恹恹欲睡，兴致索然。哪怕拥有令人羡慕的工作，他们也缺乏动力。每天晚上，他们捧着手机不愿意早睡；每天清晨，他们沉浸在睡梦中不愿意早起。长此以往，他们就会呈现出颓废的状态，貌似不管做什么事情都注定一事无成，在这样的想法驱使下，他们渐渐地自暴自弃，被动地接受命运的所有安排。

苹果手机的创始人乔布斯曾经号召大家一定要寻找到自己真正热爱的事业，因为唯有热爱，才是人生的动力。那么，我们到底适合怎样的工作，又热爱怎样的工作呢？在找工作的过程中，很多人都感到特别迷惘，一则他们不知道自己真正热爱什么，二则每当工作中遇到困难时，他们往往无法坚持。这使得很多人都仓促地找工作以养活自己，又在发觉当下的工作不适合自己，或者是会让自己厌烦和苦恼时，轻易地选择放弃。在如今的职场上，有些年轻人大学毕业才几年，就已经跳槽了几次甚至十几次，不得不说，这样的情况令人震惊。

很多人都没有找到自己真正热爱的工作，这类人具有以下特点。早在学习阶段，他们的学习成绩就处于中等水平，既没有出类拔萃，也没有差到垫底。他们没有兴趣爱好，也不知道自己擅长做什么事情，这使得他们的知识面特别狭隘，生活中缺乏乐趣。他们总是喜欢盲目从众，很少花费心思思考自己真正想要怎样的人生，而是看到大家都在做某件事情，就不假思索地跟风。如果能够改变随波逐流的现状，按照自己的规划去做好很多事情，他们也许就会拥有与众不同的人生。他们缺乏自我评价的能力，总是把他人对自己的评价作为自我评价，这使得他们不能更深入地认知自己。渐渐地，他们就会迷失在人生的道路上，甚至无法确定前进的方向。

还有半年就要高考了，小薇对于自己将来想考哪一所大学，就读哪一种专业，毫无想法。不过，爸爸妈妈都坚定不移地建议小薇学习金融。就这样，小薇根据自己的高考分数，选择了分数范围内的一所本科院校，就读金融专业。

直到进入大学学习了一段时间之后，小薇才发现自己压根不适合学习金融专业。她性格随和，没有学习金融的认真严谨；她不喜欢枯燥无味的数字游戏，而更喜欢阅读小说和散文。思来想去，小薇动了换专业的念头。经过多方打听，她发现换专业是一件很难的事情，如果换到完全没有关系的专业，自己就面临着从零开始的困境。如果换到与金融相关的专业，那么她依然不能发自内心地喜欢。在犹豫不决中，再加上父母的坚持劝说，小薇最终打消了换专业的念头，选择继续就读金融专业。熬过了大学四年，小薇终于毕业了。在父母的鼎力相助下，小薇进入了银行工作。很多同学都特别羡慕小薇，认为银行的工作很完美，只有小薇知道自己在工作中得不到任何乐趣，更不可能感到满足。就这样辛苦地工作了一年多，小薇最终决定辞掉银行的工作，学习自己真正喜欢的摄影。

原来，小薇一直把摄影作为业余爱好。在真正把摄影当成主业之后，小薇才发现摄影并不像自己想象中那么容易。她自以为拍得很好的照片，在主编眼中却是不值一提的。就这样，小薇在杂志社坚持了一年多，扛着照相机四处拍摄，最终还是放弃了。又一次失业让小薇特别迷惘，也很颓废。后来，小薇在同学的介绍下，加入一家二手房经纪公司，成为一名二手房经纪人。每天，她都四处奔波，不是在看房，就是在去看房的路上，还要应付性格各异的客户，这让她身心俱疲。才工作了没几天，小薇就又动起了辞职的念头。眼看着其他同学已经通过第一份工作站稳了脚跟，小薇却还在漂泊着，她不禁开始怀疑自己的选择。

显而易见，小薇对自己缺乏准确的认知。正因如此，她在考大学的时候才没有明确的目标学校，也没有明确的专业。她稀里糊涂地就在父母的建议下报考了金融专业，并且进入了银行工作。不得不说，工作是很辛苦的，需要极大的毅力才能坚持做好。小薇压根不喜欢银行的工作，因而每天工作都心不甘情不愿，只能强迫自己按部就班地做好相关任务。日久天长，小薇当然会觉得越来越乏味。后来，小薇又换了摄影工作、经纪工作，这些工作与她想象中的工作都是有差距的，所以她不愿意继续坚持做下去。

对所有人而言，从大学毕业到三十几岁的十几年是人生中最宝贵的时光。在此期间，大多数年轻人还是单身，可以心无旁骛地投入工作之中，以先立业。一旦过了这个阶段，大多数人都结婚生子，进入上有老下有小的中年人生阶段，因而就无法把所有的时间和精力都投入工作了。所以我们一定要抓住这十几年的光阴，准确地认知自己，精准地定位自己，这样才能避免盲目地尝试不同的工作而浪费宝贵的青春时光，也才能降低人生中用于试错的成本。那么，具体来说，我们如何才能准确认知自己，定位自己，以在最短的时间内找到最适合自己，同时也是自己最热爱的工作呢？

首先，可以使用排除法。不管是高考要报考大学、选择专业，还是大学毕业后面临找工作的局面，都可以采用排除法，把自己不愿意报考的大学和专业，以及不愿意从事的行业和工作排除在外。随着排除的选项越来越多，剩下的选项就越来越少，那么我们恰好可以经过仔细权衡和考量，在不多的选项中找到自己真正喜欢的选项。

其次，给自己一段漫长的探索期。一个人不管从事什么行业，都不可能在极短暂的时间内做出成就，也很难断言自己在该领域中有没有发展的前途。心理学领域的一万小时定律告诉我们，哪怕从事自己并不喜欢的工作，只要能够坚持一万小时，就会有所收获。所以不要轻易地断言自己不适合某个行业，也不要随随便便地认定自己不是做某件事情的材料。自然规律告诉我们，任何人都不可能在极其短暂的时间内成为行业翘楚，所以我们要给自己设置一段探索期。在探索期内，我们要潜心钻研，全力投入，脚踏实地、一步一个脚印地努力前行。有的时候，成功很顽皮，喜欢在转角的地方等待着我们，我们要有足够的耐心，坚持把所有的事情都做到极致。这样，在坚持的过程中，我们才会对自己有更加深入全面的认知，也才会发掘自己所有的潜能，让自己绽放出光彩。

业余和专业的天壤之别

　　一个人最大的优势，就是核心竞争力，换言之，就是某项堪称专业的技能。常言道，一技在身走遍天下也不怕。这里所谓的技，就是专业技能，就是核心竞争力。对于在职场上奋斗和打拼的人而言，专业技能更是王牌，也是撒手锏。和专业技能相比，那些用于打发闲暇时光的业余爱好，则只能给我们的个人履历锦上添花。大多数人都无法仅靠着兴趣爱好安身立命，只有专业技能和核心竞争力，才是立世之本。

　　不可否认的是，业余与专业有着天壤之别。当然，也有极少数人非常幸运，他们能够以兴趣爱好作为自己的专业，最终把兴趣爱好发展为人生的支柱事业。这样的人只是凤毛麟角，大多数人既要致力于发展专业，也要致力于创造精彩辉煌的人生。

那么,业余与专业的差别到底有多大呢?例如,有些人从上学期间就特别喜欢写作,偶有闲暇,就喜欢写一些随笔小文,抒发情感。他们原本以为自己是有文学天赋的,直到有一天见识到了真正的作家,才意识到自己的文采只能怡情,而不能成就事业。再如,有人认为校对特别简单,就是找找错别字,修改病句,就像小学老师改作文一样,没什么大不了的。然而,当真正接触了出版行业,负责校对工作之后,他们才发现自己的纠错能力实在太差了,大多数时候都在鸡蛋里挑骨头,而忽略了真正的错误,使得自己经手的文章远远没有达到出版的水平,也远远没有符合出版的要求。

很多人都眼高手低,看着别人做总觉得很简单很容易,等到自己真正去做的时候,才发现哪怕费心尽力,也无法把事情做得无可挑剔。如今,网络上有很多人都在做自媒体,他们仿佛轻轻松松地拍拍日常生活,就能获得很高的点击量。为此,也有些人动起了做自媒体的心思,开始拍摄小视频,这才发现要想让每一个视频都有内容、有主题、有立意,是很难的。拍着拍着,就会觉得自己的素材已经用尽了,再也拍不出新意。直到此时,他们才恍然大悟:原来,看似简单的视频拍摄并不简单,实际上很耗费脑细胞!的确,不管做什么事情,都没有轻而易举获得的成功。即使做一件小事,我们也必须非常用心，才能做好。有的时候，仅仅用心远远不够，我们还要进行专业化的学习和训练，才能不断地提升专业技能，让自己符合职位的要求。

太多人都低估了专业的分量，总认为只要稍加模仿就能达到准专业水平，这是错误的认知。当我们不自量力地以业余水平去挑战专业水准，就会毫无悬念地输得很难看。一个业余作者即使文采斐然，也无法与受过专业训练的编辑、策划人等相媲美。毕竟业余作者提笔更多的是抒发自己的小情怀，而编辑、策划人等提笔是日常工作。在笔耕不辍的过程中，他们的写作水平日益精进，工作能力快速进步。在众多职业中，编辑是一份需要终身学习的工作。很多经验丰富的编辑学富五车，博学多才，这与他们在工作过程中坚持学习和积累知识是密不可分的。编辑阅读带有很强的目的性，是在对各种学习的材料进行筛选，然后再精心运用。普通的阅读者在一年的时间内也许也会读很多书，但是却漫不经心，全凭着喜好，所以不算是系统的学习。正因如此，同样是读书，编辑的进步神速，而普通人的进步则带有很大的随机性。

对于某一项技能，业余者不靠着该技能谋生，而专业者则要靠着这项技能谋生，所以专业者有着明确的目标，即让自己变得更加专业。在以专业为导向的学习过程中，他们更加注重获得长期的收益，因而不计较眼前的付出；他们始终憧憬未来靠着专业声名鹊起，因而不会畏惧当下的困难。在努力的过程中，他们当然会遭受困难和挫折，也会承受失败的打击，但是他们牢记获得成功时的喜悦，并且为了让自己获得更大的成功而不懈努力。

和专业者追求更长远的目标不同，业余者更注重实现短期目标。他们往往只凭着一时兴起，就会决定尝试做某件事情。在做事情的过程中，他们无须负任何责任，因而很放松，也很随意。他们不会给自己规定完成某项任务的时间，而是根据自己的实际情况推进任务。还有些人缺乏耐性，很有可能此前还做得兴致盎然，此后就把某件事情完全丢在一旁，不愿意继续做下去了。和业余者的一时兴起相比，专业者靠着日复一日的恒久努力和勤奋锻炼，才能让专业技能成为自己的核心竞争力，才能让自己凭着这项技能在无数人中脱颖而出。

专业的要求是严苛和残酷的，说是鸡蛋里挑骨头也不为过。对专业者而言，苛求完美，才能保证质量。相比之下，业余者更注重自己的情绪和感受，哪怕没有达到预期的完美目标，他们也不放在心上，而是认为过程比结果更加重要。正因如此，凭着兴趣和爱好开展行动的业余者，常常会三天打鱼两天晒网，还常常会半途而废。而追求专业技能精益求精的专业者，才会在追求专业的道路上不懈努力，持之以恒，从而百尺竿头更进一步。归根结底，不管做什么事情都不可能一直充满趣味，总有些环节是有苦有累，需要拼尽全力才能坚持下来的。

现代社会中，很多年轻人都热衷于当"斜杠青年"。所谓斜杠青年，指的是身兼数职，比如，一边从事销售员的工作，一边兼职给新娘化妆；一边从事行政的工作，一边等待下班去路边摆摊。要想成为真正的斜杠青年，就要把专业与业余挂钩，让自己的副业与主业之间产生密不可分的联系。例如，某男生白天是房屋装潢设计师，晚上是家具设计师。这两项工作之间有着密切的联系，装修与定制家具原本就是互相关联的。再如，某女生白天是音乐老师，晚上在酒吧驻唱，这两份工作都是为了实现自己的音乐梦想。很多主业都可以衍生出副业，所以伪斜杠青年就变成了货真价实的斜杠青年，未来的发展也会因为专业与业余的联动而不可限量。

面对专业和业余的区别，每一个业余人士都要向专业人士学习，坚持梳理自己的行为，这样才能渐渐发现持续精进的乐趣。我们既可以从专业发展出业余的爱好，也可以不断提升业余爱好的水平，使其成为我们的重磅专业技能。需要注意的是，人的时间和精力都是有限的，我们要集中时间和精力用于发展最重要的技能，而不要兼顾很多技能，又对每一项技能浅尝辄止，这样则会一事无成。

第一章
心智带宽，积极推动自我认知

谨慎涉足陌生领域

如今的职场竞争越来越激烈，很多大学毕业生怀揣着美好的梦想走出校园，走入社会，走进职场，却被现实残酷地打击。很多大学生都眼高手低，想找一份好工作，却发现自己不能完全符合要求；想要做出一番成就，出人头地，却发现万事开头难，举步维艰。有些大学生因此选择创业，自己给自己当老板，这是因为他们误以为当老板就可以随心所欲，却丝毫没有想到在大的经济环境中，创业也许是更艰难的选择。一旦真正踏上了创业的道路，他们就会发现创业丝毫没有想象中那么容易，不是面临资金断链的危机，就是面临人员严重流失的危机，有的时候市场的反应还会出乎我们的预料，使得我们幻想的所有美好情形都不会发生，反而是那些不曾预料到的艰难处境成了现实。

其实，不管是创业，还是就业，都必须遵循"做熟"的原则。所谓做熟，就是做熟悉的生意。人们常说，知己知彼，百战不殆。只有对熟悉的事物，我们才能更好地发挥自身的主动性和创新性，才能风生水起。否则，面对自己全然陌生的领域，一旦发生危机就不知道如何应对，必然束手无措，导致结果变得越来越糟糕。有人认为当网络主播很容易，没有任何技术含量，只需要调动起热情吆喝着卖商品就行，每逢大促的日子还能赚得盆满钵满，为此他们不计后果，辞掉安安稳稳的工作，做起了主播。结果，他们折腾了很长时间，却毫无收获，非但没有任何收入，反而赔进去宝贵的时间和精力。还很多人都认为餐饮行业门槛低，利润大，因而在对工作感到不满意之际，凭着自己的拙劣厨艺，就盲目地开起了餐厅，或者把希望寄托在聘请一位高厨身上。资金充裕的人选择开大型餐饮店，资金紧张的人选择开小吃店，如炸鸡店、奶茶店等。结果，他们自从开业就开始苦苦支撑，终于在支撑了一年半载之后就心痛地关门大吉了。

在全世界范围内，犹太商人的精明都是有口皆碑的。那么，犹太人为何精通做生意呢？一则是因为他们非常勤奋，敢于吃苦，二则是因为他们坚持在熟悉的领域中赚钱。对于陌生的领域，他们哪怕看到有人赚了很多钱，也不会轻易涉足。他们都有自知之明，面对不擅长的事情，他们自认为没有足够的能力和本领，就注定要承受失败的结果。反之，在熟悉的领域中，哪怕他们因为各种原因而遭遇失败，依然可以尽力补救，尽力挽回。

人类社会以前所未有的速度向前发展，一个重要的标志就是分工越来越精细。早在古代，人们就了解了隔行如隔山的道理，这个道理放在现代社会依然适用。在社会生活中，很多行业之间都有着千丝万缕的联系，但是，这无法改变不同的行业之间存在隔阂的现状。人们常说，三百六十行，行行出状元。这句俗语告诉我们每个行业里都有出类拔萃者，与此同时，我们还应该知道，每个行业都有自己的用人之道、赚钱之道和经营之道。

面对陌生的行业，我们必须先抱着学习的态度，深入了解这个行业的各种经营规律和状况，渐渐地让自己从门外汉变成内行，继而才能动起自主创业的心思。遗憾的是，很多人恰恰对陌生行业缺乏敬畏之心，他们只是作为门外汉看到某些行业经营得不错，就感到轻视，对专业性不屑一顾。他们甚至认为要想摸清楚一个陌生行业的门道，只需要短短几个月的时间。这怎么可能呢？如果现实真的如此，那么任何行业都将会不再有秘密。现实却告诉我们，任何行业都有秘密，就连豆腐这种百姓的家常食材都有制作的秘方，不同的人做出来的豆腐口味必然是不同的。所以我们要尊重每一个行业，也要深刻认识到社会竞争越来越激烈，各行各业内部的内卷现象越来越严重。只有意识到挑战的存在，我们才能激发自身的所有力量，全力以赴去学习。

在这个世界上，没有人是全能的。在形势瞬息万变的商业领域中，细节往往能够决定成败。对于熟悉的领域，我们会牢牢记住其中的细节，也无形中就增大了自己的胜算。反之，对于陌生的领域，我们只看到大概的轮廓，而对于其中的细节毫无了解，也就使得我们极有可能遭遇失败。

面对陌生的领域，我们一定要慎之又慎。如果真的想要涉足陌生领域，那么就要做好万全的准备，对于陌生领域进行全面细致且深入的了解。最好的方法是先从事陌生领域达到一定的时间，唯有对于该领域的各个生产流程和销售环节都了然于心，对于如何经营该领域也有独到的见解，我们才能谨慎地迈出第一步。例如，一个开蛋糕店的人要去开火锅店，这无疑是极大的冒险。如果一定要做火锅生意，那么就先关掉蛋糕店，去火锅店做几年服务员或管理人员等，等到熟悉了火锅店的经营再采取行动。再如，一个开服装店的人非要去开金饰店，且不说开金饰店需要投入大量启动资金，卖服装的套路与销售金饰的套路也是完全不同的。我们必须先做好在经济上、精神上承受压力的准备，也要做好失败的准备，才能涉足陌生领域。

对想创业的人而言，一定要牢记以下几点。第一点，从熟悉的领域开始做起；第二点，不要浅尝辄止，小富即安，要做就要做大做强；第三点，多多请教那些有丰富经验的人，而不要听门外汉瞎指挥；第四点，第一桶金得来不易，一定要选择投入资金少的行业开始做起，这样即使遭遇失败，把资金交了学费，也不至于无法承受。总之，不要看到别人赚钱就眼红，也不要看到其他行业火爆就心动。每个人都要坚定不移地走好自己的人生道路，才能守得云开见月明。

第一章 心智带宽,积极推动自我认知

切勿盲目攀比

面对他人的成功,很多人都抱着不服气的思想,愤愤不平地抱怨道:"哼,凭什么他能获得成功,我就不能呢?我一点儿都不比他差,我肯定会做得比他更好!"这样的人眼红他人获得成功,认为自己在各个方面都足以与他人抗衡,因而对他人的成功怀着轻蔑的态度,认为他人只不过是交了好运,或者是善于推销自己,或者是抓住了好机会,因而轻轻松松获得了成功。为此,他们忍不住心动,想要模仿他人的样子获得成功,结果却因为各种原因而遭遇失败,一蹶不振。不得不说,他们的失败可以归结为轻敌,又过于看重自己。

做人,一定要有自知之明。即使看到那些远远不如我们的人获得了成功,我们也不要不屑一顾,而是要看到他人的勤奋和努力,更要认可他人的付出和坚持。金无足赤,人无完人,每个人都有自己的优点和长处,也有自己的缺点和不足。与其一味地贬低他人,抬高自己,不如理性地分析自己在哪些方面占据优势,又在哪些方面占据劣势,这样才能扬长避短,取长补短,实现预期的目标。

在职场上,很多人仅从表面看来各个方面的条件相差无几,例如,同样毕业于名牌大学,从事相同的工作,有着相同的经验等。但是,一纸文凭并不能证明每个人的潜力都是相同的,对待工作认真负责也不能证明每个人的职业取向是相同的。此外,还有职业生涯规划等,更是各自不同。在这些重要因素各不相同的情况下,盲目地与他人比较薪酬待遇,自然是不合理的。在现代职场上,很多人都习惯盲目攀比,他们自认为不比别人差,一旦发现自己的薪酬待遇不如别人高,或者职位升迁没有别人快,就会愤愤不平。有些人妒火中烧,哪怕看到同事使用的手机比自己的贵,穿着的衣服比自己的大牌,开着的车比自己的高档,他们也会内心失衡。

在职场上,盲目攀比的人很像孔雀。众所周知,孔雀特别喜欢与人比美,当看到游客穿着色彩艳丽的衣服时,孔雀就会马上展开自己的尾羽,与游客一较高下。在职场上,拥有"孔雀心理"的职场人每时每刻都想与人攀比,不管做什么事情都争强好胜。长此以往,他们心中的妒忌之火燃烧得越来越烈,使得他们心理严重失衡,对于很多事情的看法都扭曲了。

俗话说,人外有人,天外有天。人在职场不可能超越所有人,总会遇到比自己更能干的人,也会遇到比自己智商高或者情商高的人。面对更优秀的人,我们要端正心态,以积极的态度向对方学习,请教对方,这样才能获得进步。反之,如果我们被嫉妒冲昏了头脑,只想着要不择手段地超越对方,那么我们反而会更加紧张焦虑,也就无法发挥出自己的最高水平。有些人因为嫉妒,还会一时冲动做出伤害他人的举动,事后即使追悔莫及，也无法挽回严重的后果，由此葬送了自己的职业生涯，可谓得不偿失。

无疑，适度的攀比心能够激励人们奋起直追，但是，过度的攀比却会使人心力交瘁。那么，人们为何会产生攀比心理呢？从心理学的角度进行分析，拥有攀比心态的人往往缺乏安全感，他们总是想得到他人的认可与肯定，为此就以攀比的方式表现出自己的优越感。当比不过他人的时候，他们就会因为极其强烈的不安全感而对自己提出更加苛刻的要求，由此陷入恶性循环状态，导致自己更加惊恐不安。嫉妒心理会催生很多负面的心理和情绪，例如，使人深陷自卑的泥沼无法自拔，使人内心阴暗等。作为职场人，如果被嫉妒心理控制，那么在精神和心理上就会陷入痛苦之中，在言行举止上也会不自觉地敌对同事。

不管是谁，一旦迷失在攀比之中，一旦被嫉妒之火灼伤，就会失去理性，无法做出明智的判断和选择。他们对于自己的成就采取漠视的态度，却无限度地放大他人的成就，也盲目地模仿他人，试图以这样的方式获得和他人一样的成功。殊不知，每个人的具体情况是不同的，适合他人的成功道路未必适合我们。再如，在职场上，有些人智商高，适合从事科研工作；有些人情商高，适合从事人力资源工作或者从事管理工作。所以每个人都要看到自己的长处，从而发挥优势从事适合自己的工作，这样才能如愿以偿地做出成就。反之，智商高的人偏偏要去做人力资源工作，情商高的人要去埋头做科研工作，那么都不会取得好的结果。

我们不但要在职场上杜绝攀比，在生活中也要杜绝攀比。人人都有自己的生活，生活如人饮水，冷暖自知。我们看到他人的生活也许是无忧无虑的，幸福快乐的，但是这只是他人表现出来的样子而已。如果让他人评价自己的生活，他们也许并不满意，而且会说出很多不被外人知道的苦恼和忧愁。反之，即使我们对于生活有很多不满，但是在他人的眼中，我们的生活却可能是很幸福的，很完美的。这就是因为每个人都只能看到他人生活的表象，而看不到他人生活的真相和本质。所以不要再盲目地羡慕他人，也不要再随意地与他人比较。对每个人而言，过好属于自己的生活才是最重要的。在任何情况下，我们都要笃定自己对于生活的理想和追求，也要坚定不移地走好属于自己的人生之路。要知道，最大的成功不是模仿他人的样子获得了成功，而是活成了最真实、最自在的自己。

在这个世界上，总有人比我们更加优秀，更加成功。如果我们总是紧紧跟随他人的脚步，去追求难以企及的目标，那么我们就会严重地伤害自己，不但使自己丧失所有的信心和勇气，也会使自己在模仿他人的过程中迷失人生的方向。

正确的比较是坚持与自己比较。只要每天都能进步一点点，在时间的复利效应下，我们就能够获得巨大的进步。拿破仑·希尔是成功学的创始人，对于成功，他有独到的见解。他认为，不与别人比较，我们才有实现成功愿望的可能。反之，如果总是与别人比较，那么我们就会活成别人的影子，而全然没有自己的模样。因而，在进行自我定位的过程中，我们一定要以自身的实际情况作为基础和出发点。在进行选择和决策的过程中，我们一定要戒骄戒躁，以自己为根本，杜绝盲目攀比，这样才能做出对自己而言最正确的选择。

避开自己的认知盲区

职场上的形势瞬息万变，改变无时无刻不在发生着。在职场上，一个人如果坚持固化思维，缺乏自我认知，那么就无法跻身于激烈的竞争之中，更无法为自己赢得站稳脚跟的一席之地。唯有坚持成长型思维的人，才能适应职场上的新形势，也才能发挥自身的潜能，积极地成长和改变，从而真正地立足。

人人都有自我认知的盲区，当陷入自我认知的盲区，我们就很难全面地了解自己，无法深刻地认知自己。然而，要想在竞争中立于不败之地，要想屡战屡胜，我们就必须优化自我认知。在现代的职场上，很多人动辄辞职、转行，殊不知这样的接连跳槽非但不利于成功，反而会使我们陷入被动的境地。俗话说，三十而立，四十不惑。大多数人在二十出头的年纪大学毕业，就开始走上职场。在毕业后的黄金十年中，一定要争分夺秒地学习和进步。如果等到而立甚至是不惑之年还在推翻此前人生的积累，从头开始进入新的行业，那么就会远远地落后。

避免自我认知的盲区，我们既不要狂妄自大，也不要妄自菲薄。前者表现为骄傲自负，后者表现为自卑自轻。唯有坚持理性的自我认知，我们才能杜绝自负，摆脱自卑，把脚下的路越走越宽。在竞争激烈的职场中，当一个人出现自我认知的偏差，就会导致剑走偏锋，无法沿着正常的轨迹前行。为了避免这种情况的发生，在进入职场之前，我们就要进行职场定位。这样在进入职场之后才能用最短的时间找到最适合自己的工作岗位，也才能发挥自己的能力，稳步于职场之路，也规划人生道路。由此一来，就能避免频繁跳槽的情况发生。

又到了招聘季，小马也带着简历去招聘会凑热闹，想找一份合适的工作。一位招聘者接过小马的简历，看到小马的毕业时间栏里赫然写着五年前，不由得纳闷地问道："你不是应届毕业生？"小马毫不迟疑地点点头，说："我有五年的工作经验。"招聘者又问："那么，你此前在哪个公司工作过

第一章
心智带宽，积极推动自我认知

呢？"小马一口气说出了五家公司，招聘者惊讶地问："你每年都换工作吗？"小马在心里暗暗说道："其实，我几个月就换工作，我可不能告诉你我在十几家公司工作过。"他笑着回答："也不是每年，有一次接连换了两份工作。"招聘者饶有兴致地看着小马，说："那么，简单介绍一下你换工作的经历吧！"

小马显然已经做好了准备，当即言简意赅地说了起来。听完小马的讲述，招聘者说道："我认为，你可能对于自己没有清晰的认知和准确的定位。我建议你还是先想一想自己到底想要从事哪个行业，对自己的职业生涯做出规划，再有目的地找工作。"说完，招聘者把简历还给小马，小马很不好意思地离开了。

如今，很多职场人士都和小马一样，虽然有着三五年的工作经验，却在短时间内频繁跳槽，导致做每一份工作的时间都不长，所以根本谈不上对哪种工作有经验。曾经有调查机构针对职场人士进行了专项调查，结果发现大多数职场人士对于正在从事的职业都没有特别感兴趣的地方，对于曾经从事的职业也没有积累经验。说起对未来的职业发展规划，他们满脸迷惘，一头雾水。这样走一步看一步的心态，使他们不但对于职业发展缺乏计划性，对于人生也没有清晰的愿景。归根结底，他们没有进行准确的自我认知，根本不知道自己的优势、劣势、长处、短处以及各种资源的情况。这就使得他们无法为自己设立明确的发展目标，也不能结合自身的实际情况，激发自身的潜能，对自己进行准确定位。

需要注意的是，在不同的层面上，自我认知的要素是不同的。在最基本的层面上，自我认知指的是认识自身的先天条件，例如，个人的基本资料，以及成长背景、智商情商、受教育的经历等。这些基本层面的因素中，有很多因素是不可改变的，也是无法逆转的，将会陪伴我们一生。对于这些因素，我们要坦然地接受，从容地面对，而不要心怀不满，心生抱怨。第二个层面的自我认知，指的是对良好习惯和自身素养的认知。显而易见，良好习惯和自身素养都是后天形成的，包括学习知识和技能的能力、与人相处的能力、为人处世的能力等。这个层面的要素关系到我们的优势、劣势和潜能等人生发展的辅助条件，所以一定要怀着客观的态度，形成中肯的自我评价，既不要狂妄自大，也不要自轻自贱。唯有全面认知和深刻分析自己，我们才能正视自己。第三个层面的自我认知，指的是对自身所拥有的发展平台、所处的社会环境进行认知。很多有着远见卓识和广阔格局的职场人士，在选择个人发展平台时，不会鼠目寸光地只看重当下能获得多少薪酬，而是更加看重平台的大小，以及平台是否有利于他们的发展和成长。他们会最大限度整合自己已经拥有的资源，再借助于平台的优势条件，为自己创造更多的发展机会。在这个层面上，找准职场定位是认知核心，唯有以此为前提，职场人士才能不断成长。第四个层面的自我认知，指的是认知个人目标。个人目标可以分为远期目标、中期目标和近期目标。只有在前面三个层面上进行准确的自我认知，我们才能在第四个层面上正确地设定个人目标。个人目标既不能过于远大，因为一旦脱离实际就会让人彻底放弃；也不能过于短浅，因为很容易实现的目标无法对人起到激励作用。

总而言之，作为人的基本能力，自我认知能力是可以不断提升的。在日常生活中，我们要坚持有意识地训练，才能循序渐进地提升自我认知能力。例如，要养成分析日常行为的习惯，时常反思自己的所作所为，做出总结；要坚持阅读各种书籍，以阅读的方式开阔自己的眼界，扩大自己的格局，更加全面地认知自己；要养成每日三省吾身的好习惯，才能不断地突破和超越自我。总之，每个人都是一块璞玉，唯有扬长避短，避开盲区，再经过用心细致地打磨，才能散发出耀眼的光芒。

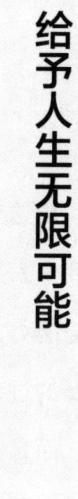

第二章 认知优化,给予人生无限可能

认知能力的差异,是人与人之间最大的差异。认知,是一切之始。当我们意识到认知优化的重要性,也能主动地进行认知优化,不断地迭代累加,就能够站在更高的认知层次上,准确辨识人、事、物的完整面貌,这样就可以突破人生的困局,进入人生的崭新局面。

认知优化的关键在于学习

在这个世界上，任何事物发展的底层逻辑就是进化。具体到个人身上，进化则意味着终身成长。这意味着每个人的智力与能力并不是天生的，也不是一成不变的，而是处于变化和发展的过程中，会随着学习而逐渐增强。这个理论并非空穴来风，而是有科学依据和支持的。科学家经过研究发现，人的大脑神经具有很强的可塑性，为了适应外部世界的环境，大脑神经甚至能够改变自身的结构。这种能力令人啧啧称奇，也让人对大脑有了更进一步的崭新认知。和传统观念认为人在成年之后大脑不再发育的观念截然不同，该理论认为只要坚持学习各种技能，持续进行感觉刺激，大脑就会保持发展的状态。在经过相关的思维训练和脑力训练之后，那些有学习障碍的人也能提高智力水平。以此为基础，我们可以得出结论，即只要坚持学习和训练，大脑的结构和认知能力就会发生改变。

科学家经过研究发现，人类的大脑皮层的褶皱程度、表面积和灰质层的厚度，与人的聪明程度、认知能力水平呈正相关。这意味着如果能够以某种方式增加大脑皮层的褶皱程

第二章
认知优化，给予人生无限可能

度，增大大脑皮层的表面积，增加灰质层的厚度，那么，就能够提升人的认知能力，让人变得更加聪明，进而提升人的学习能力。从本质上而言，认知的过程，就是学习和内化知识的整个进程。在认知过程中，大脑会形成各种新的概念，然后将其与大脑中此前已有的概念进行连接，重新塑造自我认知和价值观，这样就能对后续的选择和行动开展指导工作。从这个角度进行分析，我们就会发现大脑的学习与认知深度是密切相关的。因而，要想提升和优化认知能力，就要坚持学习，坚持训练。一言以蔽之，认知优化的关键在于学习。

从另一个角度来看，在这个知识更新速度飞快的时代里，自主学习能力是至关重要的。几十年前，本科毕业生走出校园之后，还可以运用校园里所学习的知识工作若干年。现在，本科生还没有走出校园，就会发现自己在读大学期间辛辛苦苦学习的知识已经被淘汰了。可以说，如今这个时代知识更新的速度前所未有的快，这也使得现代人面临着巨大的生存和发展的压力。

对于教育的本质，早在一个多世纪之前，就有具有前瞻性的心理学家提出了与众不同的见解。例如，法国著名的心理学家阿尔弗雷德·比奈认为，教育最重要的任务不是把那些看似最有用的东西教给学生，而是教会学生怎样学习，使学生具备自主学习的能力。这与我们的老祖宗留下的训诫不谋而合，即

"授人以鱼，不如授人以渔"。

一个人如果只知道死读书、读死书，那么他就相当于学习的机器，只能存储知识，而很难灵活地运用知识。反之，一个人如果具有自主学习的能力，那么哪怕曾经学习的知识已经遭到时代的淘汰，他们也依然拥有快速成长的意愿，而且能够调整自身的状态，端正自身的态度，以积极主动的姿态开展自主学习。在瞬息万变的世界里，最缺乏的就是能够坚持自主学习的人才。对每一个人而言，面对被淘汰的危机，与其怨天尤人，不如运用自身的能力主动学习新知识，掌握新技能，这样才能顺应世界的发展和时代的进步。

在现实生活中，我们常常羡慕某些人有一技之长。他们充满自信，以傍身之技行走天下，不管面对怎样的境遇都不担心，也不发愁。因为他们相信自己总能养活自己，总能生存下去。难道他们的技能是永远不会被淘汰的吗？当然不是。随着社会的进步，各种新产品层出不穷，推陈出新，很多旧物件被淘汰，很多手工作业被机器生产取代。有谁不曾面临生存的困境呢？他们真正的一技之长是自主学习能力。他们能够敏锐地觉察到社会形势和行业格局的变化，并变被动为主动，抢先学习新知识和新技能，也更积极地适应时代的发展。

当一个人真正具备了超强的自主学习能力，那么即使外面的世界变化万千，社会中新的需求层出不穷，他们也能够以主动学习的方式提升认知能力，在慎重思考和权衡之后做出明智的选择。这样一来，他们就能未雨绸缪地做好准备，以最快的速度适应任何变化。

现实生活中，很多人都陷入了紧张和焦虑的情绪之中，每时每刻都担心自己会错失什么。为此，他们仿佛不知疲倦的机器一般机械地学习各种新事物，把各种各样的知识一股脑地灌输到自己的头脑中。其实，这样漫不经心的填鸭式学习方式是不可取的，与胡乱把各种书籍扔到一栋大房子里没有什么区别。学习知识最重要的不是死记硬背，而是要对所有知识进行梳理，并按照自己喜欢的方式设置检索，这样在需要调用知识的时候，才能更加方便快捷。试问，你是喜欢在一间堆满乱七八糟书籍的房间里如同大海捞针一般寻找自己需要的某本书，还是喜欢在排列整齐、有各种检索条目的图书馆里寻找一本书呢？相信每个人都会选择后者，因为在混乱无序的垃圾堆里找东西是很难的，不但要耗费大量的时间和精力，而且结果往往不如人意。

获得新知识，并非学习真正的目的，能够运用所学的知识解决问题，才是学习的真正目的。所以我们要区分盲目储存知识的伪学习和有的放矢积累和运用知识的真学习。真正的学习要先从某个领域的核心知识出发，不断地向外拓展并且以探索的态度学习新事物，继而返回已有的知识，并且以学习新知识为契机对已有知识进行重新整合，接下来要再次向外拓展并且以探索的态度学习新事物，然后返回已有的知识……如此不停地来回，在此过程中构建新的知识体系，积累更多的知识。从心理学的角度进行分析，在不断学习新知识的过程中，大脑中的神经元会形成新突触，这样就能帮助我们加深对新知识的理解，而坚持练习和实践能刺激大脑各个区域的神经元建立连接，从而固化已经建立的神经模式。这就是获取知识和内化知识的过程。遗憾的是，很多人都忽略了重复的过程，而恰恰是重复的过程帮助我们把短期记忆转化为长期记忆。面对难题，有些人能够调取相关的记忆解决问题，有些人却把曾经掌握的知识彻底忘记了，区别就在于短期记忆是否通过重复转化为长期记忆。

学习就像是开车。很多新手司机必须默念开车的步骤，才能一步一步地做出来。但是，老手司机则不需要思考自己接下来该做什么，就能一气呵成地完成各种动作，如同行云流水般顺畅。在这种情况下，如果要求新手司机和老司机回答启动汽车的步骤，新手司机有可能在极短的时间内就能给出完美的答案，但是老司机却要动脑筋想一想才能说出自己熟练完成的各种步骤。这是因为前者需要牢记每个步骤才能一步一步地启动汽车，而后者则已经形成了肌肉记忆，无须思考就能完成所有步骤。我们需要反复练习，整合知识，才能达到下意识自发地操作。从本质上来说，重复就是刻意练习。我们只有坚持大量重复，才能实现知识的整合与内化。老司机正是把驾驶的理性训练变为直觉，所以才无须思考就能顺利驾驶汽车。如今的时代信息严重泛滥，我们的时间和精力是有限的，注意力也是有限的，那么就要集中精力学习和运用核心知识，对其进行整合与内化，使其成为大脑中潜意识的自动化程序。唯有如此，我们才能形成理性的直觉。

坚持练习，"点知识成金"

古人云："工欲善其事，必先利其器。"这句话的意思是，一个工匠要想把工作做好，就必须先把工具打磨得更加锋利，用来比喻必须做好充分的准备工作，才能做好一件事情。人类社会到今天已经进入了飞速发展的阶段，这是因为人类自从诞生之日起，就坚持发明创造，也掌握了发明的方法。同样的道理，要想在学习上突飞猛进，就必须掌握学习的方法。

在《异类》这本书中，格拉德威尔提出了一万小时定律。这个观点告诉我们天才并非天生的，而是通过后天的持续努力，经过漫长时间的锤炼，才渐渐地摆脱平庸，走向非凡，才在日积月累之下具备了成就卓越的资本。那么，一万小时究竟是多长时间呢？如果以每周工作五天，每天工作八个小时计算，那么一个人不管在哪个行业中工作，都必须经过至少五年的坚持，才能成为该领域的佼佼者。如此说来，难道那些从事一份工作超过五年的人，都是行业里的专家和学者吗？当然不是。现实生活中，并非每个人都能成为专家和学者。现实告诉我们，大多数人都是普通而又平凡的。此外，还有少部分人之所以在经过五年历练后也没有成为专家和学者，则是因为他们用错了方法。人们常常以"数十年兢兢业业"来赞美那些在某个行业中，或者在某个岗位上长期坚持努力工作的人。然而，换一个角度来看，如果一个人看起来很努力地工作，而且坚持了很长时间，但是丝毫没有做出与众不同的成就，那么就说明他只是在套用最初的工作经验进行机械的重复而已，压根没有在后续的时间里进行创新和创造。所以，此处的数十年如一日不是赞美坚持，而是代表机械的、毫无意义的重复。显然，这样的重复不能使人有长进。

如果说一万小时定律的表述侧重于强调时间要达到一定的量才能引起质变，那么和时间的量的达标相比，练习的质的达标则是更为重要的。当一个人始终处于舒适区，始终在重复自己已经烂熟于心的东西，那么必然没有任何进步。学习的至高境界是把理性转化为直觉，学习的寻常状态则是维持平衡。不管想要保持上述的哪一种状态，我们都必须跳出舒适区，逃离焦虑区，开始反复刻意练习。与没有灵魂的机械重复相比，唯有刻意练习才能让我们以量的积累，换取质的飞跃。

大多数人都走过高考的"独木桥"，回想起争分夺秒、奋斗不息的高中时代，心中难免感慨万千。那些"学霸"平日里并没有每时每刻都在学习，也没有逐字逐句地记笔记，更没有在考试之前点灯熬油地复习，却总是能够在同学们惊讶与羡慕的目光中获得高分，获得表扬，这是为什么呢？有人将这种现象的原因归结为命运不公平，或者"学霸"天生就是"学霸"，其实这是错误的解释。当我们在一笔一画地记笔记时，当我们在吹毛求疵地画图形时，当我们在争分夺秒地背诵基础知识时，我们的大脑只是在进行简单的机械重复，而没有受到任何压力，更没有面对任何挑战。这使得我们完美地避开了刻意练习，因而学习的效果总是事与愿违。学习，就是通过接触新知识，再返回来调取已经掌握的旧有知识，从而进行有效重复，实现知识的整合与内化的过程。为了避免继续做无用功，我们必须深入了解刻意练习，有意识地坚持刻意练习。"学霸"正是在有限的时间内抓紧进行刻意练习，才能达成这样的学习效果。

以"积极触达"与"有效重复"为原则，我们可以把刻意练习分为以下三个阶段。第一个阶段，确定基本的运用步骤。在学习的最初阶段，我们必须先接触和了解新知识，然后才能记住基本的运用步骤。在此过程中，我们既可以遵循新知识原本的运用步骤，也可以结合自身情况进行调整，最终找到适合自己的运用步骤。第二个阶段，巩固知识，把短期记忆转化为长期记忆。所谓巩固知识，顾名思义就是不断地回忆所学习的新知识，深入思考新知识，也反复运用新知识进行有意识练习。在这样坚持重复的过程中，我们就能把短期记忆转化为长期记忆，这样一来，在需要运用相关知识解决问题的时候，我们很容易就能调取相关知识，灵活地运用知识，以解决难题。这也是把理性转化为直觉的过程，是形成理性的直觉的过程。第三个阶段，在新旧知识之间建立关联，形成自动检索系统。要想运用所学的知识和技能解决问题，进行创新和创造，仅仅把理性转化为直觉是远远不够的，还要把知识和技能相关联，把新知识和旧知识相关联。唯有在各种知识和技能之间建立全面细致的关联，在面对问题时，我们才能在最短的时间里通过检索调取相关知识和技能，加以运用。

　　进行完刻意练习这三个阶段，我们就能融会贯通，达到活学活用、学以致用的目的。积极主动的刻意练习模式，要求我们以接触和理解知识为出发点，通过反复巩固知识和技能的方式构建新的思考模式，这就是重构思维，继而将思维运用于实践，调用知识和技能解决各种问题。不管采取哪种方式坚持进行刻意练习，最终的目的都是灵活地调取知识，机智地整合知识，有的放矢地运用知识，实现提升认知效率的目的，达成快、准、狠地进行定位和解决问题的目标。

现实中，很多行业都需要从业者坚持刻意练习，才能凭着知识和经验灵活自如地处理各种情况。例如，每个医生在出诊的时候，一上午的时间内需要服务几十个病人。对普通人而言，如此快速地在不同病情的病人之间切换是很难的。但是，医生却通过刻意练习，熟练掌握了相关知识和技能，也构建了系统化和自动化的心智模式。正因如此，医生在面对不同病人的时候，第一时间就能够了解病人的病情，也能够针对病人的情况给出治疗方案和治疗建议。有些病人因为病情严重不得不住院治疗，与医生之间会有更长时间的相处，那么医生在接触病人的过程中大脑会快速反应，综合病人的实际情况，还有可能创造出新的疗法，最大限度地帮助病人缓解痛苦。此外，律师也需要刻意练习，把法律条款记得烂熟于心，对各种已经发生的案例深入了解，这样才能在需要的情况下及时做出应对。

总之，不管是对学习知识而言，还是对掌握技能而言，刻意练习都是至关重要的。唯有坚持有目的地练习，并讲究练习的方式方法，我们才能通过重复练习实现"点知识成金"。

善于交流，有效促进认知升级

　　学习的最终目的是让知识在大脑里扎根，枝繁叶茂地生长。从本质上来说，学习是一种认知优化方式，要通过触达新知识、巩固已有知识和联结所有知识的方式，才能不断地构建崭新的知识体系。从这个角度来说，学习是内向生长的。这意味着学习更大程度上是自己的事情，当在学习上遇到困难，或者是面临障碍时，我们更多地要反思自身，从自身出发寻找原因，才能从根源上解决问题。

　　与向内生长相对应的是向外生长。沟通交流，是向外生长的认知优化方式。毫无疑问，在沟通交流中，我们要运用已经掌握的知识和积累的经验，即运用已经建立的认知体系，与外界进行碰撞。这就是思想的交流和融通。在与外界进行碰撞的过程中，我们很有可能会坚持自己的看法与观点，也很有可能会意识到自己的某些看法与观点是错误的，或者是不那么正确的，此时要在意识到问题后修正和重构认知。这是一种很有效的学习方式。

　　俗话说，"听君一席话，胜读十年书"，就是这个道理。和向内成长的学习相比，向外成长的沟通和交流则是更有针对性的。例如，对方针对我们提出的问题进行解答，在解答之前，对方会先调用自己掌握的相关知识，这就进行了检索和筛选。如果对方比我们知识渊博，比我们格局开阔，比我们目光长远，比我们明智理性，那么对方给出的建议或者解答就是极具参考性的。

特斯拉汽车的创始人埃隆·马斯克认为，学习的秘诀就是要多多读书，也要经常与人交流。所谓与人交流，就是和别人说话、沟通、打交道。这听上去简单，但现实中很多交流都流于形式，并非真正意义上的交流。我们一定要善于交流，才能促进认知升级。

现实生活中，有些人只要张嘴，就想压制别人。在这种不良心态的影响下，他们说话如同吃了枪药，每句话都锋芒毕露，都带着讽刺和嘲讽的意味。这也就是我们常说的"怼人"。喜欢怼人的人，在交流的过程中追求的不是解决问题，不是互相交换信息，而是占据上风。他们迷恋虚幻的成就感，也追求虚幻的胜利感，仿佛只有在语言上压制他人，才会心满意足。然而，言语上的争强好胜并不是真正强大的表现，有些人正是因为内心脆弱，缺乏自信心，所以才会试图用语言抢占上风。在沟通的过程中，一味地怒怼他人，非但不能达到预期的效果，反而会因为强势和霸道而被人厌恶。

不仅现实生活中有人喜欢占据言语的优势，在工作的过程中，在网络上发表言论时，也有很多人喜欢抢占上风。这些人即使与人闲话家常，也常常想要与人一较高下，导致交谈的氛围变得剑拔弩张,可谓得不偿失。当相处的时间久了,那些熟悉和了解他们的人,就会对他们敬而远之。

吴伯凡曾经是《21世纪商业评论》的执行主编。有一次,他去外地给创业者授课。他精心准备了授课的内容,在讲课的过程中积极地与创业者互动,赢得了大多数创业者的好评。等到授课结束,进入提问阶段时,有些创业者非常认真地听讲,进行了有深度的思考,所以提出的问题的确是引人深思的,也是具有代表性的。而少数创业者则故意找他讲解中的漏洞,再尖锐犀利地针对这些漏洞提出刻薄的问题,言语之间还充满挑衅的意味;对于那些别有用心的、与创业无关的问题,他们尤其表现出浓厚的兴趣,追着吴伯凡要求回答。他们之所以这么做,并不是为了消除心中的困惑,而是为了逞一时的口舌之快,表现出他们的与众不同之处。他们气势汹汹,以惯用的诡辩试图压制吴伯凡,还以自己能够从鸡蛋里挑出骨头来而沾沾自喜。他们的目的只有一个,那就是在被称为专家的吴伯凡面前获得表面的胜利。

作为讲师,对于这样的听众和学习者,自然爱不起来,还会敬而远之。我们很难理解,这些尖酸刻薄、迷恋胜利感觉的听众和学习者为何对挖苦、讽刺和打击他人情有独钟。其实,他们之所以这么做,是因为对他们而言,获取知识、坚持成长并非交流的目的,与人抬杠、固执己见才是他们的本意。在这种错误的沟通状态中，他们的认知处于停滞状态，低情商也使他们失去了他人的认可和尊重。

在职场上，很多人都不善于交流。每当与同事或者领导持有不同的意见和观点时，他们总是迫不及待地表明自己的观点，驳斥对方的观点，也想方设法地与他人抬杠，证明自己的观点是不同寻常的真知灼见。在这么做的过程中，不管别人说什么，他们都充耳不闻，不管别人做什么，他们都视若无睹。人们常说事实是最好的证明，但是对一个刻意闭目塞听的人而言，事实也无法让他们认清真相。这正如人们常说的，你永远无法唤醒一个装睡的人，同样的道理，我们也永远无法改变一个刻意为之的人。这样短浅的目光和闭塞的见识，使他们戴着有色眼镜决定自己说什么做什么，最终招致所有人的厌烦，自然也就无法成为领导者和管理者。

无论在怎样的情境中，没有人愿意被他人批评、反驳和否定、攻击。既然如此，就不要总是试图以语言压制他人，否则就会暴露我们的低情商，也暴露我们的虚荣心和嫉妒心。如果因此而被他人疏远和孤立，那么必然是得不偿失的。俗话说，言多必失，祸从口出。真正善于沟通和擅长经营人际关系的人，都懂得在语言上克制自己，而不会口无遮拦地以语言为刀子伤害他人。说出去的话如同泼出去的水，是不可能收回来的，既然如此，我们就要经过谨慎的思考，组织好语言，准确地表达自己的意思。

真正善于沟通的人还有一个好习惯，那就是认真地倾听他人，不在他人说话的时候随意地插嘴，也不会肆无忌惮地打断他人的表达。只有在合适的时候，他们才会以简短的语言作为对他人的积极回应，或者以某些肢体动作表明自己正在倾听。很多人误以为沟通就是要主动开口说话，就是要敞开心扉表达，其实真正的沟通始于倾听。任何人如果不能做到倾听他人，就无法了解他人的所思所想，也就无法给予他人更好的回应。

在交流的过程中，为了促进认知升级，我们一定要寻找和捕捉关键信息。其实，倾听的本质就是搜集信息，搜集那些有助于了解他人的信息，也搜集那些有助于积极回应他人的信息。交流时一定要主动地获取有价值的信息，才能把握沟通的节奏，也引导沟通顺利进行下去。

为了避免在言语上争强好胜的情况出现，在与他人沟通或者交流、争辩的时候，我们要始终牢记问题本身，而不要赌气，更不要狂妄自大。做任何事情，一旦忘却了初心，不知道自己真正想要的是什么，就会剑走偏锋，导致问题变得越发复杂和棘手。当然，这并不意味着委曲求全，我们完全可以以真挚诚恳的态度畅所欲言。当沟通的氛围是彼此尊重且相互平等的，沟通就会保持良好的状态，也能达到预期的目的。

突破固有的思维模式

很多人误以为只要努力就能获得成功，但是现实却残酷地使他们认识到，努力了未必有收获。难道因此就不再努力吗？当然不是，因为不努力必然没有收获。当发现自己无法完全掌控结果，也并非努力就能获得成功时，大多数人都会感到惶恐与困惑。其实，这就是对成功固有的思维模式在发生作用。不管是对于成功，还是对于其他事情，我们都要突破固有的思维模式，打开思路的限制，以开放包容的思维去思考问题。

很多人都没有意识到，限制性心智模式会对自己产生如此大的影响。因此，我们还需要反省自身有哪些限制性信念。俗话说，当局者迷，旁观者清。最好的方式是从事情本身跳脱出来，以旁观者的视角客观地审视自身，这样就会发现很多此前没有意识到却始终存在的问题。觉察和认知自身，能够帮助我们养成正确的思考习惯，固化正确的行为习惯，并且逐渐建立新的心智模式。在持续优化的过程中，我们就能激活自身的元认知能力，认知和理解自己的思维过程，觉察自己思考的方方面面，从而评估思考的结果是否正确，并及时改正错误的思维过程。从本质上来说，元认知是一种能力，让我们以旁观者的角度审视自身。

在生活中的很多时刻，我们都会运用元认知能力，只是因为不了解元认知能力，所以并没有意识到而已。例如，在计算复杂的数学题时，我们会进行思考，然后得出答案。一旦发现答案是错误的，我们就需要从头到尾再次思考解题过程。在此过程中，我们会寻找出错的地方，也会及时地进行改正。正是元认知能力帮助我们完成了纠错的整个过程。相比之下，缺乏元认知能力的人在意识到自己出现错误时，通常只会记住正确答案，而不会进行反思，也不会在反思的过程中寻找错误。

具有元认知能力的人会意识到自己以前的想法和现在的想法有什么区别，也会有意识地选择思考的模式，形成自己的心智模式和思维体系。例如，有人只靠着死记硬背学习，有人却能领悟到各种知识之间的关联，理解知识的深刻含义。由此可见，自我反思是离不开元认知能力的，而自我反思恰恰是坚持成长和进步的关键所在。

在这个世界上，没有人能保证自己所做的每一件事情都是正确的。俗话说，金无足赤，人无完人。一个人唯有持续构建新的心智模式，才能适应瞬息万变的世界。

晚清名臣曾国藩的资质很一般，并没有特别的过人之处。但是，他却成就了伟大的功业，也得到了世人的赞誉。这是为什么呢？就让我们一起来看看曾国藩是怎么做的吧！曾国藩有写日记的习惯，坚持每日自我反省，也借助于写日记的方式对一天进行复盘和反思，总结经验和教训。我们也应该向曾国藩学习，坚持反思，把自己从正在经历的事情中抽离出来，让自己置身于某些重要的场景之外，这样才能以旁观者的身份审视各种事情。这就是刻意练习的一种方式，将会起到促进成长的作用。

众所周知，人的肌肉越是锻炼越是发达，所具有的力量也就越强。其实，大脑的元认知能力和肌肉一样，也是需要锻炼的，而锻炼大脑的方式就是反思。在《原则》一书中，瑞·达利欧提出进步就是痛苦加上反思的成果。这意味一个人如果从未经历过痛苦的反思，就不可能获得进步。所以不管做什么事情，我们都要积极地反思，也要以端正的态度面对失败。有些人因为失败而一蹶不振，有些人却能踩着失败的阶梯努力向上，关键在于他们对待失败的态度不同。人生是需要持续改进的，反思正是改进的起点。人们常说，不要在同一个地方摔倒两次，要想做到这一点，就要坚持反思，才能避免犯同样的错误。

从本质上来说，反思是一种高维度的思考方式，对于人生起到了重要的作用。除了要坚持反思自身外，因为自身的经历是有限的，所以我们还要学会通过观察别人的经历，吸取教训，总结经验。例如，很多医生亲身经历的病例有限，就会挤出时间学习医学案例，通过他人的经历获得成长和进步。有些教师从业时间很短，又因为自己还没有养育孩子的经验，所以对孩子缺乏了解，那么就会学习其他教师的教育教学经验，进行自我提升。总之，人类之所以能不断进步，正是因为后辈踩着前辈的脚印，吸取前辈的教训和经验，才能比前辈有所进步。人们常说失败是成功之母，我们不但要把自己的失败变成孕育成功的土壤，也要把别人的经验变成孕育成功的土壤。

除了要进行周期性的反思和回顾外，我们还可以进行更大时间范围的反思和回顾。例如，每天坚持反省，每周坚持复盘，每月坚持总结，每年坚持温故知新，展望未来。虽然深入的反思会耗费我们极大的心力，然而坚持反思的回报是非常丰厚的，能够帮助我们及时认知和改正错误，也能帮助我们有效地成长，还能让我们对于各种人和事情有全新的认知，对于人生也有更新的规划。行动中的反思，是认知迭代不可或缺的重要工具，在真正展开行动的过程中，我们会获取全新的认知，在坚持行动的过程中，我们又会检验自己的认知是否正确，是否需要改进。唯有坚持改良行动，唯有火眼金睛去伪存真，我们的认知才能升级迭代，我们的思维才能突破和创新，我们的人生才会充满可能性。

掌握破局思维，才能突破困境

在现实生活中，很多人都陷入了恶性循环。例如，经济上困窘的人往往采取节衣缩食的方式试图节约金钱，却依然在捉襟见肘的状况中入不敷出；很多拖延磨蹭、效率低下的人以加班的方式完成额定的工作，结果下班的时间越来越晚，工作效率越来越低；很多体型臃肿、肥胖油腻的人试图以节食的方式减肥，却发现自己越来越胖；很多没有高学历的人疲于奔命，从事没有技术含量且对文化素养要求不高的工作，导致自身的文化素养越来越低；很多人家里的亲戚朋友都是穷苦人，没有良好的人脉资源，不管做什么事情都得不到助力，使得自己也越来越穷困潦倒，结果大家穷成一窝；有些父母没有文化，不重视教育，认为孩子与其花钱读书，不如早早去打工，因而说服孩子离开学校去赚钱，结果只能以劳动力换取微薄的收入，无法实现用知识改变命运的转折和突破……

长此以往，他们悲哀地发现，即使自己一直在拼尽全力地试图改变，也并没有得到想要的结果。打个比方来说，那些盲目努力的人如同被蒙上眼睛推磨的驴子一样，只能围绕着磨盘一圈一圈地走动，实际上不管走多少圈，都只能停留在原地，而不会有任何进步。正因如此，努力才是无效的，努力的人会一直原地转圈，停滞不前。对于解决问题，爱因斯坦提出了真知灼见,他认为,一切问题要想得到解决,都要依靠更高层次的思考。由此可见,如果思考和问题本身处于相同的层次,那么我们很难找到出路。

每天早晨,我们都要面对着镜子里的自己。当看到自己的仪容欠佳时,我们当然无法通过改变镜子的表面来修整仪容,而是要整理自己的服装、发型等,才能让镜子里的自己看上去更加端庄得体。这也像是手影,我们用光源照射自己的手,然后通过手部的不同动作,在墙壁上投射出影子,就成为手影。其本质在于,我们只有改变自己的手部动作和造型,才能改变墙上的影子。不管是镜子里的自己,还是墙壁上的手影,都是二维世界。要想解决二维世界的问题,我们就要回到三维世界,进行一番调整。

再回到本篇开头所说的问题,采取升维思考的方式,我们就会豁然开朗。例如,一个人要想减肥,不但要节食,还要坚持运动,即既要管住嘴,也要迈开腿。最重要的是,一定要坚持下去,切勿半途而废。有些人在减肥之初就立下了雄心壮志,只可惜仅能维持很短的时间,也许是一两天,也许只是一两顿饭之后,就又开始大快朵颐起来。由此一来,每天节食所付出的努力就起到了反作用。因为一直告诉自己要坚持节食减肥,所以身体会在潜意识的作用下降低新陈代谢率,从而减少消耗,节省能量。由此一来,对于减脂是非常不利的。在身体

第二章
认知优化，给予人生无限可能

降低新陈代谢率的情况下，我们却因为管不住自己的嘴巴而偶尔大快朵颐，那么身体就会囤积更多的脂肪。要想达到减肥的目的，就要借助规律的运动和良好的饮食习惯来加快身体的新陈代谢率，让身体消耗更多的能量，减少脂肪的囤积，从而循序渐进地瘦下来。

对大多数现代职场人士而言，在每天的工作过程中，他们还面临着效率低下、天天加班的困境。他们每天都在透支身体，因而更容易感到疲劳，也更迫切地需要休息。然而，如果还没到法定节假日怎么办呢？很多职场人都采取偷懒和拖延的方式，把本该当天完成的工作留到明天。古人云："明日复明日，明日何其多。我生待明日，万事成蹉跎。"人生中唯一可以把握的就是今天，在试图把工作留到明日去解决时，我们要想到明日还有明日的工作要完成，而且明日还可能有突发情况发生，需要紧急处理。一旦把事情推迟到明日，工作就会陷入恶性循环之中，常常面临着时间入不敷出的情况。从本质上来说，当忙碌的状态周而复始，充斥着整个职业生涯，那么看起来忙碌的我们只是在维持高效率的假象，而并没有收获真正的理想成果。长此以往，我们就会手忙脚乱，常常出错，而无法在工作上做出杰出的表现，更无法赢得上司的认可和赏识。偶尔，我们还会因为效率低下被上司质疑。所以职场人士要想有更长久的发展，一定要改变盲目忙碌的状态，让自己的每一分钟都创造更高的效率和价值。记住，加班不应该成为工作的常态，我们要提高对时间的利用率，也全面提升自身的能力，才能分辨事情的轻重缓急，优先处理那些紧急且重要的事情，这样既能解决自己的燃眉之急，也能让自己以从容的心态处理好其他事情。

每个人的思维都是有层次的，我们需要提升思维的层次，来解决当下的难题。人拥有特别复杂的认知系统，仅从自身来看，每个人都存在各种各样的想法，而且想法还处于变化之中。从外部世界来看，在这个信息大爆炸的时代里，很多信息都会涌入我们的脑海中，让我们应接不暇。因而我们必须具备甄别能力和判断能力，才能练就火眼金睛，识别不同的信息，并形成自己的认知模式和思想观点。唯有如此，我们才能笃定地做好自己该做的事情，对于自己的选择不会感到懊悔，对于自己的行动能够坚定不移，也让自己的内心世界井然有序，思维条理分明。

现实生活中，只有极少数人能够坚定不移地做好自己想做的或者该做的事情，痴迷和执着于完成自己的任务。比起他们，大多数人都很迷惘，常常一时兴起开始做某件事情，又因为热情耗尽而轻易放弃。这是因为他们进入了思维的瓶颈，无法突破当下的困局，无法解决眼前的谜题。

人的思维是极其复杂的，也有不同的逻辑层次。我们只有提升认知，才能找到好的方法解决问题。我们只有规划好逻辑思维的层次，才能突破人生中的困境，进入崭新的人生境界。

积极乐观，坚信"我能行"

有些人不管面对什么事情都态度消极，认为自己能力不足，无法实现目标，还有可能在具体行动的过程中遇到各种困难，因而还没有采取任何举措，就彻底消除了去做的想法，而安于本分，保持现状。从心理学的角度来说，"我不会""我不行"等都是消极的自我心理暗示，会使人越来越缺乏自信。要想提振信心，就要坚定不移地相信"我能行""我可以做到"，这样才能保持乐观的心态。不管是面对学习，还是面对工作，我们都不可能做到完全顺心如意。遇到困难是正常现象，在解决困难的过程中，我们才能更快速地成长起来。如果始终处于平顺的境遇中，过于安逸，那么我们就会停滞不前，也被那些优秀的同行者远远地甩下。

毋庸置疑，职场上既有积极进取的优秀者，也有不思进取的平庸者，还有些人就连本职工作都完不成，常常求助于他人，还把自己的分内之事交给他人去完成。例如，哪怕同事愿意教他们如何使用大型复印机进行双面复印，他们也没有耐心去学，每次都让同事帮忙；哪怕犯了错误也不愿意积极地反思和改进，而是在假装顺从地听完上司的指责后依然如故；哪怕知道自己学历不过硬，能力不够强，也不愿意利用业余时间提升学历，更不会主动地请教老同事学习经验……总之，他们有一万个理由不努力不上进，却不想给自己找一个理由拼搏进取。

人生如同逆水行舟，不进则退。在成长的道路上，那些不愿意主动肩负起职责的人看似偷懒得闲，其实错过了绝佳的成长机会。在工作中，我们其实是在利用公司的平台历练自己，促使自己成长，而不要只把工作当成是赚取薪水的无奈之举。此外，当我们处处敢于当先，也凭着实力作出了成就，那么就能得到领导的赏识和器重，因而得到更多的好机会，这是一种良性循环的工作模式。只有怀着积极的态度对待工作，我们才能主宰和掌控人生，也才能在生命的历程中获得长足的进步和发展。

近年来，很多公司因为实体生意不好做，都开始尝试着探索电商模式。对于公司面临的转型，一些老员工感到很发愁，一则是因为他们本身并不熟悉电商模式，二则是电商模式需要熟练地运用网络。不过，大部分同事在短暂的焦虑之后就开始积极地学习，还会向身边有电商经验的人讨教；只有以老王为首的少部分人怨声载道，每天都在质疑公司的决定，也抱怨公司给他们出了这么大的难题。因为老王肆无忌惮的抱怨影响了其他同事,所以上司忍无可忍地找到老王,说道:"老王,你也是公司的老人了,与公司风雨同舟过来的。现在整个时代的大背景就是如此,只靠着实体交易,我们很难支撑下去,说不定就会破产倒闭。我想,如果大家能够齐心协力共渡难关,完成转型,那么还是可以一起共事的。如果你真的不愿意积极地学习和改变,我只能说抱歉了,请你做好离职的准备,我不想让你给其他人带来负面影响。"

被上司单独谈话,老王才意识到问题的重要性,也知道自己如果不想失业,就必须管住嘴巴,马上行动起来。然而,对于已经以熟悉的方式工作了十几年的老王来说,改变谈何容易?他很艰难地学习,常常打起退堂鼓,总是对自己说"我不行""我做不到"。最终,老王主动向上司提出了辞职,而且想好了退路——送快递。上司试图挽留老王,说道:"老王,我记得老刘比你还早几年进入公司,是不是?"老王毫不迟疑地回答:"是的,老刘还是我的师父呢,我刚入公司时他负责带我。"上司感慨地说:"老刘自掏腰包报了电商培训班,下定决心要攻克难关。我认为,他精神可嘉。"老王摇摇头,说:"老刘脑子活络,我肯定不行。"就这样,老王离开了公司。几年后,老王因为送快递工作强度太大而再次辞职,老刘则得到了晋升,成了公司的区域负责人。

老王和老刘，两个人有着相似的起点，最终却走上了不同的人生道路。区别在于，老刘坚定乐观，积极地迎难而上，老王却消极悲观，沮丧地面对困难，最终选择了放弃努力。

　　时代在发展，不管是作为组织机构，还是作为个人，面对瞬息万变的时代，必须打起十二分的精神来，才能全力以赴地紧跟时代的脚步。任何人，如果止步不前，有强烈的畏难心理，那么是不可能顺应时代发展的潮流，成为时代弄潮儿的。人并非一生下来就具备各种能力，从不会到会是有过程的。我们要以乐观的态度投身于改变之中，也让自己保持成长思维模式，无所畏惧，坚持进取。

　　负面思维模式会消耗人的很多能量，也让人在自怨自怜的过程中变得迟疑不定，犹豫不决，心神不宁。唯有摆脱这种负面思维的侵扰，不再把注意力集中在苦恼和忧愁上，我们才能保持最好的人生状态，集中力量为创造美好的未来而拼搏努力。所有人都要保持心态的平稳，产生负面情绪是正常现象，最重要的是要有正面情绪与其抗衡，这样才能避免陷入负面情绪的旋涡中无法自拔。面对不会的知识和技能，只要坚持学习，就能由生到熟。人的潜能是无穷的，唯有相信自己，我们才能爆发潜能，创造奇迹。

第二章
认知优化，给予人生无限可能

不想当将军的士兵不是好士兵

古人云："不在其位，不谋其政。"意思是说，不处在某个位置上，就不谋取与这个位置相关的事情。其实，换一个角度，我们可以对这句话作如下解读：不在某个特定的位置上，就没有相应的眼界和格局，所以即使想要与处在那个位置上的人一样做出相同的考量，也是不可能的。例如，在等级制度森严的军营里，大多数普通的士兵都不敢想象自己有朝一日会当上将军，为此他们只能从士兵的角度出发看待各种现象，分析各种问题，和将军相比未免目光短浅，格局狭小。俗话说，不想当将军的士兵不是好士兵，那么对士兵而言，要想当将军，要想梦想成真，首先需要树立当将军的梦想，其次要有当将军的格局，还要有当将军的思维。唯有从思维上进行突破，士兵才有可能不断地成长和进步，距离当将军的目标越来越近。

在职场上，很多普通的职场人士都抱着当一天和尚撞一天钟的心态，压根不愿意更加积极主动、勤奋努力地做好自己分内的工作，对于自己职责之外的工作更是漫不经心，能推就推，能躲就躲。他们的想法很简单："每天辛苦地工作只能赚取微薄的薪水，我不甘心，只有能抓住一切机会偷懒，才能获得心理平衡。否则，钱没赚到，力气都出尽了，我就亏大了。"在这种负面想法的影响下，他们拒绝加班，拒绝完成额外的工作任务。

和这些人不同的是，有些职场人士对于工作特别积极，满怀热情。他们不但尽心竭力地做好分内之事，而且会发挥自己所有的能力，争取到更多突破和超越自己的机会，从而证明自己的实力。看起来，他们和前者拿着同样多的薪水，却出了几倍的力气，的确是有些傻乎乎的。然而，只有他们心里清楚，薪水并非工作唯一的或最重要的报偿。和收获的经验、汲取的教训相比，薪水只是赖以为生的经济支持而已。尤其是对很多刚刚毕业的大学生而言，他们缺乏经验，是不折不扣的职场菜鸟，很容易在工作的过程中犯错误，甚至闯祸。为此，有些公司明确表示不接受应届毕业生，还有些公司明确表示应聘者必须有相应年限的工作经验。和这些公司相比，那些愿意接受应届毕业生的公司无疑是很宽容的，愿意给年轻人机会去历练，也愿意让年轻人在公司的平台上摸爬滚打。试问，对于愿意给你提供实习机会，还愿意为你支付薪水的老板，你有何理由抱怨和感到不满呢？可见，和薪水相比，经验与成长才是最宝贵的收获。

即使作为员工，我们也要有老板的心态，不要认为自己是在为老板工作，是在给老板打工，而是要认识到自己是在为自己的前途和命运而拼搏。员工思维最典型的表现就是对于

第二章
认知优化，给予人生无限可能

任何事情都斤斤计较，绝不愿意付出薪水购买能力之外的任何时间和精力。反之，老板思维最典型的表现就是把工作当成是自己的事情去做，为了把工作做好，自愿付出更多的时间和精力。

在职场上，拥有员工思维的人不患寡而患不均，哪怕只是打扫卫生，他们也盲目地追求绝对公平；拥有老板思维的人不追求绝对公平，反而认为做更多的工作是在帮助自己成长，他们也愿意全力以赴地把自己的分内之事和分外之事做好。

他们对自己坚持高标准、严要求，对待工作事无巨细、战战兢兢。仅从表面看起来，他们的确太过憨厚和老实，也为了微薄的薪水付出了太多。但是，从长远的角度来看，他们渐渐地从职场菜鸟变成了职场老人，不但获得了升职加薪，而且得到了成长，将来就能为自己谋求更好的未来。所以不要再觉得工作就是给老板出卖自己的时间和精力，你会从付出的时间和精力中获得更大的收益。

对于工作，每个人都有自己的理解，也会做出各自不同的选择。著名经济学家薛兆丰曾经发表了对工作的看法，他认为任何人任何时候都是在为自己打工，只有全力以赴做好工作，才能让自己拥有更完美的简历，而简历将会伴随人的一生。如果你现在还在抱怨工作太忙太累，还在抱怨老板的要求太严格、太苛刻，那么则意味着你或者需要辞职，离开现在的公司，或者需要调整好心态，更积极地面对一切。我们做每件事情都要精益求精，唯有默默地坚持成长和进取，让自己达到更高的高度，我们才能最终如愿以偿地实现梦想。

除了积极主动与消极被动的区别外，老板思维的人和员工思维的人在责任方面也存在差距。例如，员工思维的人麻木地执行任务，想方设法地逃避责任，只想把自己撇清；老板思维的人积极地寻找任务，勇敢无畏地承担责任，而且会主动进行反思，想明白下一次要怎么做才能避免犯同样的错误。正是在此过程中，员工思维的人表现越来越糟糕，而老板思维的人则表现越来越好。不管是老板还是员工，都要通过反省及时觉察到错误的存在，并及时改正错误，督促和鞭策自己坚持进步。

从另一个角度来说，员工思维的人秉承问题思维模式，即遇到任何问题先抱怨，先指责，还有可能先迫不及待地逃避。他们被问题吓坏了，生怕自己一旦不能处理好这个问题，就会导致更糟糕的结果。老板思维的人秉承解决思维模式，即不纠结于问题本身，而是以解决问题为最终目的，积极地想办法改变现状，解决难题。即使其间会遇到各种坎坷和挫折，他们也会坚持到底，决不放弃。他们拥有积极的心态，拥有专注的能力，能够在各种境遇中把关注点聚焦在问题上，从而坚持进行深度思考，直到想出切实有效的办法为止。

第二章
认知优化，给予人生无限可能

注重解决思维模式的人会对自己进行提问："我面对的问题本质是什么？""我要怎么做，才能突破眼下的僵局？""我需要得到怎样的帮助？如何才能得到帮助？""我怎么做才能圆满地解决问题？"即使面对一件很小的事情，老板思维模式的人也希望尽善尽美。

例如，很多公司都会定期或者不定期地召开会议。员工思维模式的人只是被动地参加会议，在开会过程中还会漫不经心，心神涣散。但是，老板思维模式的人则听得非常认真，还会做好记录工作，梳理会议的重要事项。哪怕老板提出的某个问题和他的具体工作职责无关，他们也会积极地开动脑筋进行思考。在思考的过程中，他们还会举一反三，询问自己很多更深入的问题。有些员工还会换位思考，假设自己是老板，揣测老板真实的想法，理解老板为何要做出这样的决定。由此一来，他们并不会完全拘泥于自身的位置，而是能够变换不同的位置和角色，最终形成发散性思维，对于问题的分析也会更加全面深刻。从某种意义上来说，解决问题的过程就像是剥洋葱，只有耐心地一层一层剥开，才能见到真相。

在工作中，老板思维的人还会坚持公司盈利的通用法则。他们有大局观，有着更全面深入的考量，所以绝不会认为公司的利润就是毛收入减去净成本。他们会从资金周转、资本运作、周转率等角度进行分析，从而意识到公司并不像大多数人所想的那样轻轻松松就能赚钱。为此，他们会更加理解老板的辛苦，也就更加能够体谅老板，与老板友好相处。

当然，要想当老板，或者要想当好老板，就要坚持学习。现代社会知识更新的速度非常快，信息大爆炸更是让各行各业都面临着深刻的变革。不管是作为员工，还是作为老板，都要有与时俱进的眼光，及时地调整自己的步伐，才能跟上时代发展的速度。如果对各种新鲜事物怀有抵触的态度，也不愿意学习新的知识和技能，更不愿意将自己的生平所学都运用到工作中，那么他们就会处于停滞状态，非但不能胜任工作，还有可能给团队拖后腿。

俗话说，理想总是丰满的，现实总是骨感的。一个人要想把工作做好，就要理论联系实际，这样才能从现实出发，采取切实的行动。在其位，就要谋其政，明智的决策都要有正确的观点作为支撑，还要有切实可行的计划作为保障，才能诞生。所以当老板既要有大格局，也要有长远的眼光，还要学会定期复盘公司的发展情况和自身的成长情况。

一个人不可能永远都是士兵，随着时间的流逝，或者退役成为普通人，或者晋升成为将军。在职场上，一个人却有可能永远都是普通员工。如果你不想当普通员工，而是想努力地向上攀登，拥有更高的职位和更美好的未来，那么就要马上调整自己的思维方式，让自己坚持老板思维，直到真正成为老板，也依然要参加各种方式的学习和培训，这样才能开阔眼界，增长见识，让自己的未来拥有无限的可能性。

第三章 重建内心，致力解决内外冲突

唯有强大的内心，才是真正的支撑。对任何人而言，如果内心脆弱不堪，就无法承受压力，还会因为遭受坎坷挫折而一蹶不振。现代社会中，很多人都因为内心冲突或内忧外患交加，而出现内心崩溃的现象，这是需要我们重视的。

人生还有第三种选择

现实生活中，有的人特别自卑，自轻自贱，不管做什么事情都畏畏缩缩，不能放开手脚去施展才华。在与他人意见不一致或者出现分歧的时候，还会选择忍气吞声，委屈自己。不得不说，自卑者活得卑微怯懦。相比自卑者，自负者则走向了另一个极端。他们太过自信，认为自己无所不能，为此自视甚高，总是放大自己的优点，忽略他人的优点，又无视自己的缺点，放大他人的缺点。其实，不管是自卑还是自负，都是不好的人生状态。真正理想的人生状态，应该是不卑不亢，拥有自己的为人处世之道，既不对权贵阿谀奉承，也不对弱小居高临下。

一个人只有把自己放在正确的位置上，才会言行得体，自尊自爱。过于卑微的人缺乏担当，不懂得自尊自爱；过于自负的人不够包容，不懂得尊重他人，不会平等对待他人。仅从表面来看，自负与自卑是两个极端，是矛盾的。而从本质上看，自负与自卑则是统一的。有些人过度自负，实际上是自卑的心理在作祟。因为当人意识到自己的自卑，就会运用补偿机制加以平衡，以自负来中和自卑。一旦把握不好自负的度，自卑者就会表现出自负的特点。在自负的状态下，人是非常兴奋和积极的，这能够有效地掩饰自卑者的沮丧和颓废。

不卑不亢的人拥有精神上的自由与富足，是介于自负和自卑之间刚刚好的状态。不卑不亢的人往往信奉中庸之道。很多人误以为中庸之道是极端自负与极端自卑之间的折中状态，这样的理解是不到位的。中庸之道不是和稀泥，更不是无所作为。中庸之道奉行动态的平衡，认为整个世界都要保持一种动态的平衡，各种人和事情才能保持良好的状态。一旦失去平衡，那么整个世界就会从井然有序的状态失去秩序，变得混乱。在各种状态中，极端的状态是容易达到的，只要任由内心的偏执发展下去就好；而动态的平衡则是难以保持的，因为既然是动态的，就意味着每时每刻在变化，而既然是平衡的，又要求保持相对的稳定。动态与平衡原本有着彼此矛盾的意味，却在奉行中庸之道的人这里保持和谐的状态。

一个人活着就是各种力量较量和权衡的过程，这个过程中最好的状态就是平衡，就是中庸。很多朋友都学过物理学，那么就会知道只有找到最合适的点，才能在两种力量之间保持平衡。在动态的环境中，这个点就更难寻找。

有个关于刺猬的故事，形象地解释了中庸之道。在很冷的冬天里，两只刺猬互相依偎着，想要靠着对方身上的温度取暖。然而，它们刚刚紧密地靠在一起，就被对方身上的刺扎伤了，为了减少痛苦，它们当即分开了。然而，天气实在是太冷了，它们才分开不久就又感受到刺骨的寒冷，因而只得再次尝试着紧紧拥抱。很快，它们又因为被对方扎伤而分开，继而又因为寒冷而拥抱……在这样反反复复的过程中，它们经过不断调整，终于找到了彼此之间最佳的距离，既能够互相温暖，又不至于扎伤对方。就这样，它们以相对舒适的方式抵抗寒冷，度过寒冬。

在一个人的身上，也有多方的力量在较量、抗衡或者牵制。要想让各种力量达到动态平衡的状态，各种力量也要如同两只刺猬一样互相适应，才能形成一种必要的张力，覆盖我们的心智与行动。唯有达到这样的状态，我们才能实现中庸。坚持中庸之道的人，会更加客观地看待周围的世界，会以成熟稳定的心态面对生活中的各种难题，解决生活中的各种问题。古今中外，很多伟大的人物都奉行中庸之道，如伟大的哲学家苏格拉底。

苏格拉底学识渊博，声名显赫，为人谦逊，从不自诩权威人士，更不会把自己的想法强行灌输给他人。每当他想要把自己的想法告诉听众时，他就会假装自己什么都不懂，采取提问的方式，启迪和引导听众，从而让听众主动地领悟道理，获得知识。从人际沟通技巧的角度来说，这是最高明的说服方式，

第三章
重建内心，致力解决内外冲突

即让听众自己说服自己。正是因为如此，苏格拉底才能成为智慧与知识的传播者。

虽然苏格拉底在向他人传授道理时很讲究方式方法，也注重引导和启迪，但是每当自己的信念与外界的观点相冲突时，苏格拉底就会表现出勇敢无惧的样子，绝不畏惧任何危难。在苏格拉底62岁时，雅典人与斯巴达人展开战斗。在海战中，雅典海军大获全胜，正准备打捞阵亡将士的遗体时，倾盆大雨却不期而至。这使得阵亡战士的遗体打捞工作遭到延误，战士的家属对此感到极其不满，将与此事有关的将军们告上法庭。法庭上，除了苏格拉底之外，其他所有人都支持判决十位将军死刑。苏格拉底认为，延误打捞阵亡战士的遗体，只是某个人的误判，不能牵连无辜的人。当时，元老院有500人，苏格拉底为此遭到了很多观点相左人士的反感和抵制，但是，他毫无畏惧，坚定地表示反对。

从苏格拉底身上，我们可以看到不卑不亢的中庸之道。对于能够接受的，他选择接受；对于不能接受的，他选择拒绝，但是绝不因此而放弃自己的观点，也不因此而放下自己的坚持。

在人类社会中，人与人之间难免会因为各种事情进行博弈。那么，对于博弈，最有效的策略是什么呢？有人以歇斯底里的方式试图说服他人，有人以哀求恳切的方式试图让他人回心转意，有人以强势的态度试图压制他人，有人以温柔的态度试图以柔化刚。每个人都有自己的博弈策略，其实最有效的博弈策略就是"以牙还牙"。具体来说，就是在被他人善待时，也对对方释放善意，积极地寻求合作；在被对方背叛之后，选择远离对方，在保护自己的情况下与对方为敌。一旦对方意识到自己的错误，回心转意，又来寻求合作，那么则宽容对方，给予对方再次合作的机会。需要注意的是，这不是一味地退让和容忍，而是给善良穿上盔甲，以规则建立秩序，最终在强硬和软弱之间找到平衡，维持平衡。坚持这么做的人很强大，他们待人处世进退有度，在原则范围内有很大的灵活性，也有很大的柔韧性。中庸之道看似简单，实则蕴含大智慧，是值得我们用心去钻研和实践的。唯有在每一件事情中反复地练习和刻意去权衡，我们才能掌握中庸之道的真谛。

大多数天赋都是勤学苦练得来的

很多人误以为重复就是刻意练习，刻意练习就是重复。这样的理解大错特错。刻意练习是以坚定的态度和强大的信心为前提的，重复则带有机械性的特点，很有可能是漫不经心的，千篇一律的，这暗示着当事人缺乏信心，束手无策，因而只能试图以简单枯燥的重复消除内心的不安。

不管是在学习还是在工作中，我们都要积极主动地运用刻意练习。这需要制订切实可行的计划，不断地突破和超越自我，从而扩展自己的极限。心理学家经过研究发现，大多数人的天赋相差无几，之所以有的人获得了了不起的成功，有的人总是遭遇失败的打击，有的人拥有风生水起的人生，有的人人生黯淡无光、平淡无奇，就是因为他们在刻意练习方面存在差别，有些人甚至压根没有进行过刻意练习。

有些人在某些领域中表现得出类拔萃，为此我们认定他们有独特的天赋，是常人不可及的。不可否认的是，他们之中的确有些人是有天赋的，但是如果离开了刻意练习，他们顶多表现得比大部分人更突出而已，而绝无可能成为行业的翘楚。例如，钢琴家郎朗从小就被父母强制要求练琴。如果没有父母的严格要求，他就不可能有今日的成就。毕竟孩子的天性都是爱玩的，即使是有音乐天赋的孩子，也很难坚持每天练琴十几个小时。正因如此，人们才常常说，每个人都需要被逼一把，否则就不知道自己有多么优秀。

为了探究刻意练习的奥秘，心理学教授安德斯·艾利克森博士花费了大量时间，对各个领域中的专业人才进行了细致观察和深入研究。正是以此为基础，他才在著作《刻意练习：如何从新手到大师》中提出了刻意练习的法则。安德斯认为，学习是目的明确的重复练习，坚持刻意练习的人能够建立积极稳定的心理表征。与此同时，为了坚持改进技能，让自身变得越来越强大，他们还会积极地响应练习的反馈。从安德斯对刻意练习的阐述中，我们不难看出刻意练习是有反馈机制的，要在练习之后针对发现的情况，继续进行思考和改善。

坚持刻意练习，能够赋予一个人新的天赋。反之，坚持无效练习，却可能使人原本就有的天赋毁于一旦。那么，刻意练习与无效练习有什么区别呢？刻意练习的目的非常明确，无效练习可能压根没有目的，也有可能目的含糊，随时改变；刻意练习不会始终满足于待在舒适区里，而是持续地设置目标挑战自己，激励自己突破和超越，无效练习停滞不前，满足于原地"躺平"，因为这是最安逸舒适的状态；刻意练习非常专注，持续地付出努力，也会得到积极的反馈，无效练习不够专注，始终在机械地重复简单动作，没有积极的反馈。

除此之外，在坚持刻意练习的过程中，我们还要建立"心理表征"，即在思考的同时，形成与思考的内容相关联的、具体的或抽象的心理结构。例如，很多朋友都读过盲人摸象的故事，知道盲人所描述的大象形状是不同的，这就是因为盲人在一边摸索一边思考的同时，形成了错误的心理表征。换言之，盲人只能用手触摸大象，无法在短时间内了解全局，所以也就无法感知大象真实的模样，更不能形成正确的心理

第三章
重建内心，致力解决内外冲突

表征。

相比之下，那些在各行各业中出类拔萃，成为翘楚的人，都有着极其有效的心理表征。他们从细节着眼，却有着全局观，因而能够对全局形成正确的认知，最终卓有成效地解决具体问题。我们必须明确一点，掌握技能需要以刻意练习的方式进行，唯有以此为前提，我们才能以刻意练习的方式进行自我提升。按照习惯，我们会先搜集各种信息，然后开始解决问题。在这个过程中，信息的本质就是知识，因而我们往往无法卓有成效地解决问题。比起知识，技能才能帮助我们获得想要的结果。因此，在刻意练习的思路指导下，我们可以先设定一个能够令人满意的结果，然后以结果为导向倒推过程，最终把过程进行分解，使其成为可以实施的具体步骤、方法和技能。在做完上述这些准备工作之后，我们接下来就可以有的放矢地进行练习，这将会在短时间内快速提高我们解决问题的水平。

著名的画家爱德华·霍普和拉斐尔，在学习绘画的过程中，都始终坚持刻意练习。人们总是为他们高超的画技而感慨，却不知道他们在成为著名画家之前付出了多少努力。爱德华对于光与影的运用炉火纯青，这是因为他无数次计算光线的角度和色彩的调配，也无数次在稿纸上进行练习，从而找到自己与绘画大师的差距，然后反复练习。拉斐尔无数次研究达·芬奇米和开朗琪罗的绘画草图，每天都花费大量的时间练习光影调配的技法，这样才能使自己的绘画技艺越来越娴熟。古今中外，很多伟大的人物都凭着杰出的成就青史留名，他们并非只凭着天赋做出成就，而是靠着经年累月的刻意练习。

要想让刻意练习达到预期的目的，我们就要做到以下三点。

第一，一定要保持专注。专注力能够提高效率，唯有保持专注，才能保证刻意练习有效、高效。需要注意的是，专注力保持的时间是有限的，所以不要打疲劳战，而是要学会劳逸结合，张弛有度。

第二，一定要及时反馈。没有反馈的练习，就称不上是刻意练习。因为如果一直机械性重复的是错误的行为，那么就会导致事与愿违。只有建立及时反馈机制，才能第一时间发现问题，调整练习的策略和方法，让练习更加卓有成效。

第三，勤学苦练，用心思考。如今，网络非常便捷，不管面对什么难题，只要打开搜索引擎输入关键字，我们就能找到答案。然而，这么做只会使我们成为答案的搬运工，也因为没有用心思考，所以很容易忘记答案，更不能对相关的问题举一反三。因而，一定要勤奋刻苦，也要非常努力认真地思考问题，才能获得解题的经验和感悟。

第三章
重建内心，致力解决内外冲突

与其困于瓶颈，不如突破瓶颈

人在职场，未必每个时刻都能高歌猛进，而是常常会感到困惑和迷惘，甚至会经历职业生涯发展的瓶颈期。一旦意识到自己进入了瓶颈期，很多职场人士都会悲观沮丧，对于自己的前途毫无信心。其实，只要换一个角度，换一种心态看待问题，我们就会意识到，在职场上，瓶颈期其实并不可怕，只要积极地面对，我们就能把瓶颈期变成平静期和蓄力期。

那么，进入职场瓶颈期有什么具体的表现呢？例如，对待工作的热情完全消退，只剩下疲惫，只想逃避；每天早晨起床的时候都很困难，一想到自己又要开始工作的一天，心情就异常沉重；面对工作感到特别枯燥，这是因为已经完全熟悉工作的流程和技巧，处理工作毫无难度，因而常常怀疑自己的能力是否只能做这份工作，甚至怀疑自己的人生是否会从此一成不变；工作的任务特别繁重，往往是还没做完这份工作，桌面上就堆着下一份工作，但是薪水微薄，职位升迁无望；每天吃着工作餐味同嚼蜡，难以下咽，坐在通勤的公交车上或者是地铁上连站立的力气都没有，只想躺在地上呼呼大睡……

当出现这些表现和症状的时候，就意味着你已经进入了职场发展的瓶颈期。大多数人的瓶颈期充满了麻木、疲惫和厌烦的感觉，仿佛对什么事情都提不起兴致来，对于未来的发展也失去了信心和希望。面对这样的状况，有些职场人士怨天尤人，有些职场人士则主动出击，选择以跳槽的方式尽快摆脱瓶颈期的厌倦感。然而，抱怨只能使问题变得越来越糟糕，也使自己陷入负面情绪的怪圈中无法摆脱，频繁跳槽则只是治标不治本的办法，因为职场上最宝贵的是经验和资历，只有在一家适合自己的公司里长期勤奋地工作，才能获得经验和资历，跳槽恰恰是一次又一次地清零。由此可见，进入瓶颈期的职场人士既不应该选择跳槽，也不应该选择抱怨，以免因为这些不合时宜的行为和情绪而导致负面的连锁反应。

面对瓶颈，与其被动地等待，不如主动出击，打破瓶颈，这样就能形成积极的心态，也使职业生涯的发展进入新的阶段。

自从大学毕业后，小张一直从事金融工作。他每天都特别忙碌，不是在搞定客户，就是在搞定同事，不是在搞定财务，就是在搞定风控。每时每刻，他都能够感受到行业激烈的竞争，也在忙碌紧张的生活中拼尽了所有的力气。这一点，仅从他的出差次数就可见端倪。例如，在一年的时间里，小张出差十几次，服务了上百个客户，完成了数十份工作报告。遗憾的是，数据虽然好看，结果却不尽如人意。小张负责的大部分项目都没有通过公司的考核，很多同事都不愿意和小张合作，还在私底下议论小张是"工作狂"，却是瞎忙。又到了年末，

第三章
重建内心，致力解决内外冲突

好几个比小张资历浅的同事都凭着出色的工作表现当选优秀员工，而作为公司里老前辈的小张却默默无闻。小张也意识到自己的工作状态很糟糕，他原本想辞掉工作，换一份新工作，但是他已经人到中年，生活中上有老下有小，职场中处于被很多公司慎重聘用的尴尬年纪，这可怎么办呢？他郁郁寡欢，既抱怨公司不认可他的努力，也担心自己有朝一日会失去这份工作。

有一天晚上，小张在网络上看到一则视频，是关于职业生涯规划的。其中的一句话让小张茅塞顿开："与其困于瓶颈，不如突破瓶颈。"听到这句话，小张仿佛找到了前行的方向。他痛定思痛，开始积极地报名参加培训班，又买了很多专业书籍，投入了学习中。在培训班上，他还认识了很多同行业者，小张积极地与他们沟通，虚心地向他们请教。一位同学看到小张勤奋好学，特别欣赏小张，因而作为老总的他决定出高薪聘用小张。就这样，小张以崭新的面貌加入了新公司，得到了老总的赏识和器重，职业生涯顺风顺水。

面对瓶颈期，如果始终停留在原地，不愿意努力向上攀登，那么我们就会越来越被动，很难找到机会改变困局。在上述事例中，如果小张一直无所作为，那么情况只会越来越糟糕。俗话说，一语惊醒梦中人，正是那句话惊醒了小张，改变了小张的心态，使小张一反常态，变被动为主动，有了新的发展契机。

每个人都希望自己事业有成，那么就要知道事业成功需要具备显性能力和隐性能力。所谓显性能力，指的是一个人的学历、等级证书、专业证书等。这些东西是可以看到的，可以作为衡量能力的标准呈现给他人看。相比之下，隐性能力却是看不见摸不到的，例如，创新精神、强大的自信心、在关键时刻的决断能力、勇气和毅力、合作精神等。只有在工作的过程中，我们才能通过做各种事情表现出自己的隐性能力。那么，显性能力和隐性能力哪个更重要呢？有人认为隐性能力更重要，因为隐性能力才是一个人真正的能力，决定了职场上的成就。的确，比起显性能力，隐性能力起到更长久和强大的作用。然而，在现代的职场上，很多公司招聘时都对显性能力作出了规定，例如，必须具备一定的学历，必须有相关的资格证书等。这是因为在取得这些显性能力认证的过程中，就已经证明了求职者的隐性能力水平。所以人们把学历和证书等当成是敲门砖，以此为自己获得更好的工作机会，然后在工作的过程中表现出隐性能力，得到领导的赏识和认可，并为自己争取到发展的好机会。

很多人遭遇的职场瓶颈看似是与显性能力相关的，实际上只要具备隐性能力，就能突破瓶颈，渡过难关。从这个意义上来说，隐性能力就像是一个人丰厚的底蕴，将会给予他信心、勇气、坚毅等优秀的品质。有了这些品质，哪怕外部环境一直在改变，他们也能顺应时代发展的潮流，让自己紧跟时代的步伐，争当时代的弄潮儿。

随遇而安，未尝不可

人人都期待生活幸福美好，超出自己的预期，然而，现实是残酷的。常言道，生活不如意十之八九，这意味着人生中大多数情况下都不是顺遂如意的，而是充斥着各种不如意。即便全力以赴地奔赴生活的目标，试图实现伟大的理想，也怀揣着执念与生活较劲、与人生抗衡，依然难改生活的本质。

面对丰满的理想和骨感的现实之间存在的巨大差距，我们应该学会调整心态，坦然地面对命运馈赠的一切，积极地做好自己该做的事情，而后想方设法地锦上添花。怀着这样的心态，我们不能再一味设立不切实际的人生目标，而不妨换一个角度，思考如何做才能实现人生目标，距离预期的结果越来越近。如此一来，我们才能摆脱好高骛远的错误心态，专注于做好当下该做的事情，为下面要做的事情铺垫好基础，如此一步一个脚印地走好人生之路。对于周围的人、事和物，不如少一些期待，多一些果决的行动。

很多人都怀有执念，执念恰恰如同一剂麻药，使我们对于现状变得麻木，而沉迷于幻想。毫无疑问，幻想对于人生产生的积极作用是有限的，产生的消极作用却是无限的。在幻想中，我们会放弃在当下这一刻努力，反而对未来憧憬成瘾，其实幻想意味着我们不满足于现状，也意味着我们对未来深怀恐惧。当内心充满了焦虑和恐惧，就会变得越来越矛盾，并产生各种各样的冲突。

一直以来，无数人以追求幸福为人生的终极目标。尤瓦尔·赫拉利是牛津大学的历史学博士，他在著作《人类简史》中，从历史的角度探讨幸福和快乐。时代发展至今，科技发展到前所未有的高度，人类拥有极其丰富的物质生活，然而，却没有如同预期的那样提升幸福和快乐的水平。这是为什么呢？对此，赫拉利认为，幸福是在面对人生的各种不确定时能够保持内心的平静，不管这些不确定带给人们的是痛苦还是悲伤，是快乐还是忧愁。大多数人都试图通过追求物质满足和安逸舒适的生活获得幸福，这是不可能实现的。从本质上来说，幸福就是没有期待，也没有执念，力所能及做好所有的事情，经历悲欢离合的人生，而不会以最终的结果判断自己究竟是遭遇了失败，还是获得了成功。在此过程中，人们形成了强大的、充满力量的内心秩序，既不沉迷于过去无法自拔，也不因为惧怕未来而不敢向前。从容无畏，就是健康的心态和幸福的人生

第三章
重建内心，致力解决内外冲突

状态。

人具有强烈的主观性，常常以过去的人生经验设定判断的标准，又以惯常的认知框定对生活的期待。人一旦执着地要实现对于生活的唯一期待，就不允许生活以其他的面貌呈现。很多人自不量力，对生活无限度地期待，而丝毫看不到自身的局限，还误以为自己洞悉了生活的本质和真相。这样的人生犹如困兽之斗，是自己与自己较劲的过程。

每个人都应该清楚地认识到自己的局限，这样才能顺其自然地接受命运馈赠的一切，又因为心中对于未来没有期待，对于人生没有执念，所以才能接受人生的一切境遇，真正做到随遇而安。人生是一场旅程，途中看到怎样的风景都应该感到欣喜，都应该知足感恩。要知道，人生并不是非黑即白的，也不是非对即错的，更没有"本该是怎样"的这种预设。一旦陷入非黑即白、非对即错的固定模式中，我们对于人生的认知就会过于片面，过于武断，由此扰乱内心的秩序，导致内心失去平衡。

对于人生，我们应该怀着臣服的态度，具体来说，就是不要再揣测人生，不要再期待人生，不要再执着地预设人生。对于已经发生的事情，要平心静气地接纳，对于无法改变的环境，要张开双臂去拥抱。唯有如此，我们才能活在当下，才能释放出当下的力量，为拥有美好的未来奠定基础。

在内心深处，人人都有欲望，表现为人人都渴望得到某些东西。适度的欲望能够激励我们爆发潜能，激发热情，全力以赴去追求自己想要的东西；过度的欲望却会让我们迷失人生的方向，使我们作茧自缚。越是在乎某些东西，我们越是会感到恐惧和焦虑，也就无法展开想象的翅膀设想结果的多元性，也就无法集中精神关注当下的阻力，战胜身处的困境。渐渐地，我们会感到无可奈何，也感到束手无策。意识到自己置身于这样的困局中，最好的办法是先放手，努力地提升自我，让自己具有真正的力量。常言道，你若盛开，清风自来。作为一朵花，我们要先绽放才能吸引来清风和蝴蝶。作为一个人，我们要先有力量，才能实现梦想和憧憬。既然生活中的问题注定接踵而至，我们为何要被这些问题困扰，被这些问题纠缠呢？不如彻底摆脱这些问题，重新认识和构建自己，这样才能成就强大的自己，拥有理想的未来。

与其抱怨，不如积极地改变。如果不能改变别人，那就积极地改变自己。只有内心强大、足够勇敢的人才能坦然面对世界，也才能真正做到放下错误的认知，臣服于客观的环境。埃克哈特·托利作为伟大的心灵导师，对于臣服有着独到的理解。他认为，在生命的河流中，与其逆流而上，不如奉行生命的智慧，顺遂生命之流。这意味着我们要先接纳当下，继而采取行动改变环境，在此过程中，我们很明确自己需要做什么事情，因而能够保证引发正面改变。一言以蔽之，臣服就是活在当下，专注于当下，让更加强大的力量引导自己的人生。臣服者不会满怀抱怨地批判和指责外部世界，而是坚持向内求因，自我归因，从而提升和修炼自己，掌控改变的主动权。

在浮躁的世界里潜下心来

面对生活，很多人都像没头苍蝇一样四处乱撞，这是因为他们不愿意接受现状，内心浮躁不安，为此只能以"生命不息，折腾不止"安慰自己，让自己毫无方向地尝试。生命是宝贵的，生命的时间极其短暂而有限。与其白白浪费时间和精力，不如接受现状，一步一步脚踏实地，走好属于自己的人生之路。能够在这个充满浮躁的世界里潜心下来，能够让自己全力以赴专注于当下的生活和工作，能够做到凝神聚力做好某一件事情，正是强者的表现。

在职场上，浮躁的人更是数不胜数。很多刚刚毕业的大学生眼高手低，拿着新鲜出炉的毕业证，就误以为自己能够找到一份十分理想的工作，却在勉为其难地接受了一份不那么理想的工作之后，才坚持了半个月，就产生了放弃的想法。在竞争激烈的职场上，很多人都自认为是佼佼者，因而一旦看到别人的表现比自己好，进步比自己快，薪水比自己多，职位比自己高，他们马上如芒在背，无法忍受。还有些人美其名曰拥抱变化，放纵自己离职的行为，在短短的一两年时间里就几次跳槽，在行业内的很多公司里都挂了名。其实，上述这些表现都可以概括为浮躁，内心浮躁的人注定一事无成。

正如人生有波峰也有波谷，职业生涯发展的道路也同样会有起有伏，有平顺期，也有诸事不顺的坎坷期。和那些已经在公司里工作很长时间，积累了丰富经验，拥有了职场资本的人相比，职场新人更容易遇到各种状况，需要学习的知识和内容也更多。在这个阶段，一定要戒骄戒躁，明确自己的目标和方向，始终坚持正确的发展道路，才能把经历转化为经验，才能把经验转化为资历。从本质上而言，一次次跳槽就是把前面的所有经验和资历都清零，使得曾经付出的时间和精力毫无意义和价值可言。

大学毕业后，小刘四处面试，都没有找到专业对口的工作，为此决定进入与专业不相关的行业。在面试的过程中，面试官担心小刘会因为工作与专业不对口而无法坚持下去，但他又很赏识小刘，想要留下小刘，因而反复向小刘确定是否要放弃专业，进入这个行业。对此，小刘不假思索地表达了肯定的意思。她还信誓旦旦地表示自己会潜下心来，积极地学习行业知识，尽快地熟悉行业内容，并且请求面试官给她这个机会。

第三章
重建内心，致力解决内外冲突

为此，面试官带着爱惜人才的心态，把工作的机会给了小刘。然而，才入职半个月，小刘就提出了辞职的请求。

当初的面试官已经成了小刘的上司，他特意找到小刘谈话，问道："小刘，你才进入公司半个月，还不了解行业的皮毛呢，怎么就要辞职了？"小刘哭丧着脸说："我现在才发现，我真的不适合这份工作。"面试官继续问道："在不了解工作的情况下，你就能断言你不适合这份工作了吗？"小刘回想起自己当日对面试官的信誓旦旦，不好意思地说："我很多同学都是从事本专业工作的，不但工作起来轻松，薪资待遇也很好。我认为，我继续留下来只是浪费时间。"看到小刘出尔反尔，面试官也不想再继续挽留，因而批准小刘辞职。

当初，小刘因为没有找到与专业对口的工作，就盲目地选择了其他行业，我们可以相信她，当时的确是想在这个行业里深耕的。遗憾的是，残酷的现实打醒了她，放弃熟悉的专业，重新了解一个行业，谈何容易。尤其是当看到周围的同学们都在本专业职业道路上做得风生水起时，小刘就更是难以坚持下去。最终，小刘在初步尝试之后又选择了放弃。

难道小刘重新找一份工作，就能获得自己想要的结果吗？当然不是。每年有那么多大学生毕业，其中真正能够找到理想工作的人少之又少，大多数人都要放低姿态，抓住各种机会为自己谋取施展才华的舞台，然后拼尽全力做出成就。不要再抱着伯乐就该寻找千里马的心态等着被赏识，而是要先证明自己是一匹千里马，并且在潜心工作的过程中抓住各种机会，才能绽放出光彩，获得伯乐的关注。虽说千里马常有，而伯乐不常有，但也无须慨叹自己无人赏识。是金子总会发光的，但是要摆正自己的位置，也要显露出金子的价值。

在职场上，很多人都自诩为潜力股，为此一旦得不到领导的赏识和器重，就为自己鸣不平。顾名思义，潜力股就是尚没有表现出能力的人才，既然如此，就要给予自己足够多的时间绽放锋芒，也要给予领导足够多的时间来慧眼识珠。在职场上，心浮气躁只会使人白白丧失机会，更会使人产生围城心态，认为看到的山总比自己所处的这座山更高。千万不要随便产生辞职的念头，更进一步说，在找工作之初就不要为了糊口而仓促地找一份并不理想的工作。每个人都要对自己的人生负责，那么就要慎重地选择好工作，也要在工作中持之以恒地努力，才能聚焦于自我成长，持续获得进步。

要想改变浮躁的心态，就要先从接受现状开始做起。正如上文所说的，要学会臣服，那么就要接受现状。唯有以接受现状为前提，才能改变抵触心理，改变逃避行为，积极地应对现实，并以自身为出发点，采取有效的行为举措以获得进步。例如，用长远的目光预估公司的发展前景，通过各种渠道了解行业发展信息，准确进行职业定位；摆脱纷纷扰扰且让自己内心不宁的思绪，争分夺秒地去做该做的事情，不浪费宝贵的时间和精力，让点点滴滴的改变成为现实；修复心境，不要让自己的内心秩序混乱，最好能够清空大脑，让所有的注意力集中于一呼一吸之间，这符合王阳明的观点——"心定则万事可成"。总之，唯有保持安宁的心态，专注于当下的生活和工作，我们才能建立内心的秩序，获得内心的成长。

第四章 精准努力,实现精进人生目标

当一个人陷入穷忙或者瞎忙状态,就意味着他虽然非常努力,也无法精准地锁定人生目标,更无法全力以赴地实现人生目标。毋庸置疑,人的时间和精力是有限的,一旦把有限的时间和精力浪费在不相干的事情上,就会降低实现重要目标的可能性。由此可见,只有精准努力,才能实现人生目标。

什么都做，不如什么都不做

在职场上，为了能够从激烈的竞争中脱颖而出，很多人都用尽全力。然而，只有极少数人获得了预期的结果，而大多数人都遗憾地发现努力并没有得到回报。这是为什么呢？不可否认的是，职场上充满了各种琐碎的事情，如果做每一件事情都竭尽所能，那么日久天长就会精力耗尽，陷入努力付出却没有回报的恶性循环之中。为了从根本上解决这个问题，我们就要坚持精准努力。具体来说，就是锁定目标，关注最重要的事情，付出全部的精力，坚决果断地开始行动。

很多职场新人不管做什么事情都喜欢冲锋陷阵。然而，无论他们多么拼尽全力，领导都不认可他们，更不赏识他们。长此以往，他们越来越感到精疲力竭，哪怕如此坚持了几年之久，也没有如愿以偿地获得自己想要的薪酬和职位，甚至没有得到领导的关注。可想而知，他们必然感到身心俱疲，对待工作也从满腔热情转化为得过且过，敷衍了事，由此进入恶性循环之中。不仅职场新人会陷入这样的怪圈，职场上的一些领导者也同样面临着越努力越无措的局面。他们极其认真负责，

第四章
精准努力,实现精进人生目标

每时每刻心里都装着工作上的琐事,关心部门里的每一个员工。在部门里,不管大事小情,他们都亲力亲为,对下属比对自己的孩子更加用心地照顾和栽培。他们就如同溺爱孩子的父母,亲自处理好了所有的事务,最终自己累得苦不堪言,员工也形成了极强的依赖性,丝毫没有获得成长。不得不说,这样的人不适合当领导者。在所管辖的部门规模较小时,他们还能忙得过来;随着所管辖的部门越来越大,他们就会分身乏术,应接不暇。从这个意义上来说,这样的领导者注定平庸。真正优秀的领导者具有运筹帷幄的能力,他们不会亲自去做每一件事情,而是把不同的事情交给不同的人去做,从而做到物尽其用,人尽其才。在他们的统筹安排下,整个部门里秩序井然,人人都会做好自己的分内之事,使部门保持良好的运营状况。领导切勿在战术上勤奋,而应在战略上偷懒,而一定要在战略上深入谋划,长远布局。

在职场上,我们可以勤快,却不能当"老好人"。所谓老好人,就是对于同事推过来的事情来者不拒。有些职场新人为了表现自己,与老同事之间建立良好关系,对于老同事的帮忙请求有求必应,造成花费大量时间和精力帮助他人完成工作,而分内之事只能等到下班之后加班加点完成的尴尬局面。对此,他们还自我安慰:帮助别人,就是增长见识、积累经验的好机会。但是,长此以往,当一切成为习惯,他们的工作就失去了界限，也就不知道自己该做哪些事情，又该拒绝哪些帮忙了。而且，一些老同事在轻而易举得到免费劳动力使用之后，还会变本加厉，提出更多帮忙的请求。事情总是要区分轻重缓急的，如果因此延误了那些对于自己真正重要的事情，必然导致后悔莫及。所以职场新人一定要把握工作的界限，明确工作的职责范围，可以帮助那些临时有突发情况的同事分担工作，但是不要帮助那些没有充分理由而只是想使用免费劳动力的同事。

大学毕业后，张伟颇费周折才找到现在这份工作。为此，进入公司后，他满怀热情和激情，对待老板交代的一切工作都毫无保留，付出所有时间和精力。因为还是单身汉，所以他主动加班到深夜，还自我安慰是借此机会增长见识，积累经验。

看到张伟每天如同机器一样连轴转，不管是对老板交代的任务，还是对于同事的求助都来者不拒，有些同事就动起了心思：想利用上班时间开小差做私事，就把工作交给张伟；想偷懒不干活，就去请求张伟的帮助……眼看着张伟越来越忙，一天到晚如同陀螺一样转个不停，有同事提醒张伟："你做好分内之事就行，没必要连同事安排的事情也做。"对此，张伟总是笑着说："力气是用不完的。"直到有一次，张伟因为本职工作出错被领导狠狠批评了一顿，在改正错误的时候拒绝了同事的求助，因此被同事狠狠挖苦讽刺一通，张伟才恍然大悟：

第四章
精准努力，实现精进人生目标

"原来，那些帮过的忙都成了过眼云烟。"他意识到自己再也不能这样被所有人使唤了，因而做好了得罪所有人的心理准备，就开始拒绝同事帮忙的请求。

刚开始时，大家的确都对张伟颇有微词，但是张伟打定主意，不为所动。随着时间的流逝，张伟集中精力完成本职工作，有了出色的表现，得到了领导的表扬，大家也就渐渐地接受了各司其职的现状。

人在职场，不可能面面俱到，一定要调整好心态，明确工作的界限，也坚决守住工作的界限，才能集中精力做好最重要的本职工作。上述事例中，张伟刚开始时分不清轻重主次，导致自己非常被动。后来，他坚决捍卫工作界限，才得以集中精力做最重要的事情，因而让自己的表现有了明显转变。

不管是出于当好人的心理，还是出于锻炼自己的心理，职场人都不要企图顾全每一件事情。与其做了所有的事情却都平平无奇，不如全力以赴做好某些事情并有所成就。不要因为自己能力足够，就选择做所有的事情，因为我们要节省时间和精力去做更重要的事情。很多叱咤商场的人都奉行"双赢"的原则，其实，职场人为人处世也可以奉行"双赢"原则。例如，在拒绝同事的不情之请时提出折中的方案，或者给对方以切实可行的建议。这样既能拒绝对方，又能保护对方的颜面，维护与对方之间的情谊。

作为管理者，则要学会放手和授权。管理者的任务不是处理每一件事情，否则还要下属做什么呢？明智的管理者会亲力亲为处理好所有重要的工作，而把可以假手于人的工作交给下属完成。此外，如今有很多自动化的办公工具可以使用，也能够帮助我们节省时间和精力。总之，做任何事情都不要低效率地瞎忙，而是要精准锁定目标，这样才能让自己越来越有价值，越来越值钱。

运用"二八法则"管理时间

时间管理的核心是什么？很多人对此都存在错误的认知，认为时间管理的核心在于"时间"，其实不然，时间管理的核心是"管理"。深度解读时间管理，目的就是做到对时间的自我管理。我们要想最大限度利用时间，就要掌握管理时间的各项技能，这样才能提高时间的利用率，也才能在紧张忙碌的学习、工作之余，拥有更多的时间享受生活。

在职场上，很多人都属于"穷忙族"，看似每天都忙得如同旋转的陀螺一样，却毫无效率可言，工作上更是没有任何成就；还有人属于"迟到族"，每天晚上结束加班披星戴月地回到家里，却捧着手机看个不停，早晨起床困难，不管闹钟响多

第四章
精准努力，实现精进人生目标

少遍仍起不来，哪怕为了节省时间宁愿省掉早饭，依然超过规定的上班时间才赶到公司，不但尴尬地被老板批评，还要因此而被扣掉全勤奖，可谓损失惨重。与"穷忙族""迟到族"不同的是，有些职场人士把时间安排得从容有序，有条不紊，不但能够处理好很多重要的工作，还有闲暇时间和同事一起去茶水间喝茶喝咖啡，最重要的是能够做到按时下班。他们不仅没偷懒，还经常因为工作表现出色而受到老板的表扬。也有些职场人士准点上班，准点下班，下班之后的生活过得丰富精彩，令人羡慕不已。那么，他们是如何做到的呢？其实，根本区别就在于"穷忙族"和"迟到族"不懂得合理规划和利用时间，而那些圆满处理工作且从不迟到的人，则能够真正地主宰和掌控时间，成为时间的主人。

每天早晨来到办公室，晓枫都会先计划一天的日程。今天，他要做的事情尤其多，要进行工位大扫除，要给十几个客户打电话进行回访，要针对部门的开支情况拟订方案，要召集小组成员开会讨论接下来的工作安排，要给小组重要成员马姐过生日等。他想着想着，感到头都大了，还没理清楚这些事情的顺序呢，他就先收拾办公桌。在收拾办公桌的过程中，他看到有一堆文件乱七八糟地堆在一起，因而临时决定先整理文件。就这样，打扫了一半的卫生被搁置了，他花费了半个多小时整理了桌子上的文件，索性又把其他文件也整理了一遍。很快,时间就到了十点多,他只能仓促地擦了擦桌子,就着急地召集同事们开会。会议过程中,他们讨论了接下来的工作安排,有个同事提出了计划外的一个问题,大家一时兴起讨论了半个多小时,转眼就到了中午,在人人喊饿的抱怨声中,会议结束了。下午,晓枫被领导临时指派处理一个突发状况,直到下班时,他才发现还没有给客户打电话,更是把订蛋糕给马姐过生日的事情完全抛之脑后了。

无奈,晓枫只好打消了给马姐过生日的念头,暗自庆幸自己没有提前把这个想法说出来。为了完成给客户打电话的任务,针对部门开支情况拟定相关方案,他只好留在办公室里加班到十点多,回到家里已经接近午夜了。如此忙乱的一天让晓枫特别疲惫,他困倦得压根不想洗漱,一头扎到床上就睡着了。

不管是对于学习还是对于工作,都要坚持做好时间管理。时间管理需要借助规则和技巧,也需要运用方法和工具,才能灵活地安排时间,高效地利用时间,继而让有限的时间发挥更大的价值,实现职业目标。

大名鼎鼎的经济学家维尔弗雷多·帕雷托提出了"二八法则"。他曾经致力于研究意大利的经济形势,结果有了惊人的发现。他发现,80%的土地被20%的人口占有,80%的豌豆产自于20%的植株,他由此联想到少数派产生了大部分效果,因

第四章
精准努力，实现精进人生目标

而只需要控制少数因子，就能达到掌控全局的目的。这就是著名的"二八法则"。后来，人们把"二八法则"运用于时间管理，提出了"二八时间法则"，即80%的工作成效产生于20%的工作时间。该法则告诉我们，在工作的过程中，要学会提纲挈领，抓住主要问题，解决主要矛盾，从而起到良好的效果。反之，如果把大部分的时间和精力都用于处理那些琐碎的事情，那么就会导致时间管理混乱，工作茫无头绪，效率极其低下。

"二八法则"的实用性很强，而且能够帮助我们提高时间的利用率，并获得可以自由支配的时间。采取"二八法则"管理时间，重点在于掌控最重要的这20%的时间。只要充分地利用这20%的时间，就能水到渠成地解决很多问题。很多人对于"二八法则"缺乏了解，错误地以为抓紧时间做完所有的事情就是运用"二八法则"管理时间的本质。殊不知，这种想法只会导致事情混乱无序，效率低下。

运用"二八法则"管理时间，关键在于区别哪些事情是应该做的，哪些事情是不应该做的。也就是说，要先对事情进行区别和分类，才能分清楚事情的轻重缓急，从而让时间显得更加充裕。

很多人都没有认识到一个残酷的现实，即在日常工作中，大多数职场人士所做的大多数事情都没有太大的价值，也没有重要的意义，对于实现目的可有可无。因为被这些琐事消耗了大量时间和精力，所以职场人士会在无形中忽略至关重要的20%的事情，使其淹没在紧凑的日常行程中。为了从根源上解决问题，一定要把大部分时间和精力用于做最重要的20%的事情，这样工作就会在整体上呈现出良好的状态，并收获丰硕的成果。

要想充分运用"二八法则"，做好时间安排，就要区分事情的轻重缓急。即要想把大部分的时间和精力都用于完成20%重要的事情，就要先区分哪些事情是重要的，哪些事情是无关紧要的。首先，处理重要且紧急的事情。其次，处理重要但不紧急的事情。再次，处理不重要但紧急的事情。最后，处理既不重要也不紧急的事情。我们把所有事情按照这个顺序排列，那么我们就会始终都在处理剩下的事情中最重要且最紧急的事情，实现时间的充分利用。

努力不是花拳绣腿

随着网络的普及，越来越多的人开始使用社交网络平台。他们热衷于把自己的生活状态即时发布在朋友圈等网络平台，更有一些人不愿意默默无闻地努力，而是在朋友圈炫耀努力。

第四章
精准努力，实现精进人生目标

可是，他们的努力除了赢得了别人的点赞，没有任何收获。相比他们，另一些人则属于埋头苦干的老黄牛类型，一直在默默无闻地付出，在他人还没有发现他们的努力时，就已经实现了理想。他们是典型的实干派，并不在乎自己的努力是否被人看见，也不在乎自己的努力是否赢得掌声。对比这两种人，我们可以发现，努力是一种才能，而非一种姿态，更无须刻意表现出来给人看。

在朋友圈里，经常有人半夜或者凌晨时分还在发加班的自拍，还配文"越努力越幸运""不管多累都要坚持"等文字。他们的确收获了很多夜猫子的点赞，但是努力是否真的获得了成功，只有他们心知肚明。这些伪装出来的努力除自我表现之外别无他用，很多公司在需要裁员时，会第一时间炒掉那些假装努力的人。真正忙于工作的人，是没有时间把自己的动态事无巨细发到朋友圈里的，他们争分夺秒地与时间赛跑，创造工作的成果。那些总是关注他人的朋友圈并慷慨点赞的人，也常常无所事事。

任何时候，努力都应该是真刀真枪地干，而不是流于形式的花拳绣腿。很多公司因为规模不断地发展壮大，就试图复制成功的经验以谋求发展，使公司制度化、流程化。然而，这么做并没有帮助他们实现提升业绩的梦想，反而导致公司的业绩持续下滑，经营状况堪忧。努力不是周密的计划，不是机械的重复，也不是所谓的完成度。不管采取怎样的计划，我们始终应该关注真正的收获。如果说前者是自欺欺人，那么后者则是真正的实力。很多职场人士看似勤勉地努力工作多年，每天都在穷忙瞎忙，最终薪水没有涨幅，职位没有提升，残酷的现实让他们清醒过来，羞愧万分。只有在这样的情况下，他们才能摆正心态，认清如果努力始终流于形式，只能感动自己。形式上的努力就像是一碗毒鸡汤，会麻痹那些假装努力者的感知能力，使他们沉浸在自我感动中，不思进取，盲目满足。

真正充满智慧的人会隐藏自己的努力。正如俗话说的，"咬人的狗不叫，会叫的狗不咬人"。有智慧的人不会锋芒毕露，以免过于高调和张扬，使竞争者关注自己。他们默默地努力，致力于完成自己想做的事情，直到获得成功，他们才会意识到他们已经走在了前面。具体来说，默默努力要做到以下几点。

第一点，一定要锋芒内敛。对职场人士而言，哪怕参加了各种培训班，也不要把学习的照片发到朋友圈里，学习是自己的事情，没有必要让所有人都知道，获得任何成果也是自己的事情，无须与他人分享自己成功的喜悦。只有默默地努力，默默地享受努力的成果，才能低调地成功。

第二点，坚持检验努力的结果，及时调整努力的状态。在努力了一段时间之后，一定要进行检验，这样才会知道自己凭着努力收获了怎样的成功。很多人都害怕考试，因为担心自己不能过关，也怕暴露自己的不足之处。其实，只有以考试的方式检测，我们才能及时地查漏补缺，获得进步。

第三点，明确实质化的目标，制订具有可行性的计划。计划本身并非努力，我们只是以完成计划的方式实现努力而已。为了避免努力流于形式，一定要把目标实质化，例如，不要以每天读多少书作为实质化目标，而是要将其作为计划的内容，如以完成几百字的读书笔记作为目标。这样努力才既有内容，也有目标，从而能顺利贯彻执行。

第四点，越是艰难，越是要坚持到底。在努力的过程中，必然要遇到各种困难，也会遭遇各种磨难。面对艰难坎坷，如果迎难而退，就永远都不可能获得成功。只有全力以赴地迎难而上，想尽办法战胜困难，我们才能获得想要的结果。每一个努力的人都应该有强大的内心，不以物喜，不以己悲，始终坚定如一，努力如常。

总之，努力从来不是做给别人看的花拳绣腿，而是真正的付出，真正的奋进。只有坚持努力，我们才能在与命运的抗衡中获得成功，也才能有力地扭转命运的走向。

既要想到，也要做到

不管做什么事情，有些人都特别拖延，在时间充裕的情况下，他们不愿意当机立断展开行动去做，而要一直等到时间紧迫的最后一刻，才急急忙忙地应付了事。这么做有什么后果呢？仓促完成的事情很可能出现各种问题，不尽完美，但没有时间加以完善；因为着急，我们无法从容地发挥自身的能力和水平，导致不能使领导满意，也给领导留下糟糕的印象；一旦发生突发事件或者意外事故，最后一刻来不及应对，我们就无法完成任务……凡事都要未雨绸缪，我们在未雨绸缪之后，还要制订详细周密的计划，尽量把事情提前完成，而不要拖延到最后一刻。

现实生活中，极少数人实现了自己的梦想，获得了巨大的成功，光环加身，荣耀无限。难道他们一定天资聪颖，且勤奋刻苦吗？其实不然。大多数成功者并不是凭着天赋和刻苦获得成功的，而是因为他们的自控力和执行力都比一般人更强。

著名画家达·芬奇的传记《列奥纳多·达·芬奇传》是由传记作家艾萨克森负责撰写的。在这本书中，艾萨克森详细介绍了达·芬奇的良好习惯之一，即每天都在笔记本上制订日程安排。达·芬奇每天的日程安排都很紧凑，而且涉猎广泛。例如，他某一天的日程安排涉及旅行、绘画、水利、数学和动物学五个方面,具体包括:去米兰城区和郊区采风,完成米兰全城图;请教水利学家,了解如何修建运河;请教数学家,学习三角形知识;研究鸟的翅膀,探究鸟类是如何飞行的。对很多人而言,一天的时间只要发发呆就能度过,但是达·芬奇凭着旺盛的精力,完成了这么多重要的事情,足以令人惊叹。

不仅如此,达·芬奇还坚持今日事今日毕,很少把今天的事情留到明天去做,因为他很清楚明天还有明天的事情要做。我们当然可以向达·芬奇学习,把自己的每一天也安排得满满当当,但需要注意的是,这只是充分利用时间的第一步。在制订周密的日程安排后,接下来更重要的是按照日程安排完成每一项事宜。否则,如果仅仅把事宜列举出来,而不能当机立断去完成,也不能做到严格遵守时间规定完成相关事宜,那么日程安排就会变成一纸空文,毫无意义和价值可言。

作为一位顶级艺术家,达·芬奇把所有的想象力都第一时间转化为执行力,因而才能给世人留下诸如《蒙娜丽莎》这样的伟大画作。作为普通人,我们不要觉得达·芬奇的成就是可望而不可即的,其实只要具备超强的执行力,我们就会距离自己的成功更近一步。哪怕不能成为达·芬奇,我们至少成就了自己。

那么,何谓执行力呢?执行力能够帮助我们把想法付诸行动,也能激励我们一步步地坚持去做好该做的事情,直到最终实现目标。从行动的角度来看，具有超级执行力的人会坚决果断地行事，一旦打定主意就采取行动，而不给自己任何拖延的机会。他们唯一的目标就是把想法变成现实，为此他们是不折不扣的行动派，任何时候只要想到了就会马上去做，既不会瞻前顾后，也不会被想象中的困难吓倒。哪怕自身的能力还不足以顺利地实现梦想，他们也会以梦想为导向，始终怀揣梦想，努力地以学习提升自我。总之，只有行动起来才能获得成长，只有行动起来才能促使改变发生。

遗憾的是，大多数人都沉浸在毫无意义的幻想中，最终在无所作为的状态下把幻想变成了空想，又以自我安慰麻痹自己。还有些人对自己想做的事情感到畏惧，认为自己没有能力实现目标，出于畏难心理而不愿意采取行动。正是因为这些原因，他们不具备执行力，也使得自己绝无可能从平庸到卓越。只有真正迈出行动的这一步，才算是实现了从0到1质的飞跃。如果没有行动，那么一切好的想法都只能成为幻想和空想，不会真正改变我们的现状和人生。

古今中外，一切杰出者都具有超强的执行力，正是因为如此，他们才能成就卓越。与此相对，大多数碌碌无为者或者是失败者，都患有重度拖延症，正是执行力的低下，使他们自甘平庸。

那么，为何有人的执行力超强，而有人的执行力很差呢？

关键就在于如下原因。

第一，人们很容易患上选择困难症。在如今的互联网时代里，各种各样的海量信息扑面而来，杂乱无章，这使得每个人所面临的选择都前所未有的多。选择越多，做出选择也就越困难，大脑不得不甄别真假难辨的信息，区分各有优劣的选项，也就没有余力当即展开行动了。

第二，执行力差的人内心浮躁，常常有各种消极的想法，造成严重内耗。例如，有消极想法的人一旦在工作上遇到困难，当即就会充满抱怨，产生辞职的想法，这样的负面想法使他们对待工作更加缺乏热情，也就无法做出积极的改变，由此进入恶性循环状态。反之，有积极想法的人则会主动进行自我反思，认识到自己在哪些方面做得好，在哪些方面做得不好，从而主动改变，谋求发展。一言以蔽之，有消极想法的人总是在给自己找各种理由和借口，而有积极想法的人则总是在给自己找各种方法和途径。正如俗话说的，"只为成功找方法，不为失败找借口"。

第三，提升执行力须避免过度追求完美。很多完美主义者都有拖延的表现，这是因为他们过于追求完美，因而不愿意在没有做好充分准备或没把握获得完美结果时采取行动，这使得他们陷入了无休无止的准备工作和无穷无尽的设想之中，也使得他们失去了执行力，表现出低效率的行为。实际上，这个世界上从来没有绝对的完美，因而我们要学会接受事情的不完美，在提前做好相应的准备之后就勇敢地展开行动。还有些完美主义者特别害怕失败，对失败怀有深深的恐惧，这使他们一发现结果有丝毫偏离就终止行动。

第四，执行力强的人会化繁为简，制订切实可行的计划，按部就班地执行任务。有些拖延症患者是被艰巨的任务吓倒了，所以才迟迟不愿意开始行动。又加上本身懒惰的本性在作怪，所以他们总是找借口延迟执行任务。为了改变这样的情况，要学会化繁为简。其实，不管多么艰巨的任务，只要将其分解，就会发现该任务的每个步骤都是可以完成的。这就像是制订目标，不要把目标制订得过于远大，而应把远大目标分解成多个小目标，然后脚踏实地地勤奋苦干，实现一个个小目标，最终就能在不知不觉间一步步地实现远大目标。正如人们常说的，罗马不是一天建成的，胖子也不是一口吃成的。既然如此，我们就要按照自己的节奏稳定地前进，世界上从未有脚不能到达的远方，也没有勤奋努力的人不能实现的目标。

即使有一百个空想，也抵不过一次实干。例如，当萌生出坚持读书的想法时，我们就要把手机放在远离自己的地方，而把书本放在自己一伸手就能够到的地方；当决定改变晚睡晚起的坏习惯，养成早睡早起的好习惯时，就不要在上床之后使用手机，也不要打开电视，而是可以阅读几篇散文，让自己带着恬然的心情入睡。总之，曾经想到过什么是不值一提的，真正重要的是我们一直坚持做到了什么。唯有做到，才是改变的开始。

不被他人的评价所影响

人是群居性的，所有人都要在人群中生活，而不可能离群索居，独自生存。这就意味着人要想生存，除了要满足吃喝拉撒睡等生理需求之外，还要学会为人处世。善于人际交往的人处处受人欢迎，而不懂得人情世故的人则总是碰壁，被他人嫌弃。很多人为了获得他人的认可和正面评价，甚至不惜改变自己，做自己不想做的事情，或者迎合他人的想法，满足他人的要求和期待。在此过程中，他们渐渐地忽略了自己内心的感受，也遗忘了自己真实的需求，活成了他人想要的样子，而距离自己真实的模样渐行渐远。

当一个人过于在意他人的评价，就会如同海面上的一叶扁舟不停地漂泊，不知道自己将会去往何方，也不知道自己正置身何处。因为他人一句无心的话，他们就会兴奋或者失落一整天。从某种意义上来说，他们情绪的按钮掌控在他人手里，如果他人慷慨地表扬他们，他们就欢欣鼓舞，满心雀跃；如果他人苛刻地批评他们，他们就意志消沉，自我贬低和否定。他们的心情如同飞驰的过山车，因为获得他人的评价不同，在极短的时间内就会起起伏伏。这使得他们想方设法地争取赢得他人的认可和尊重，不知不觉间迷失了自我，失去了自己内心的秩序，让自己的情绪和情感都变得混乱无序。这样的人很难做好自我管理，就如同陷入人生的黑洞一样被一股无形的力量吞噬。

那么，大多数人为何如此在意他人的评价呢？其实，这是一种深刻在基因里的心理倾向和情感倾向。在原始社会，一个人势单力薄，必须和其他同伴在一起守望相助，才能勉强存活下来。例如，原始人类还处于集体狩猎时代，居住在条件恶劣的山洞里的时候，人与人之间必须紧密团结，才能避免被猛兽攻击和被自然界的灾害吞噬。每天，身强力壮的男人们结伴去森林里打猎，留在山洞里的女人们则一起照顾孩子，一起采集野果。在当时，根本没有小家的概念，只有集体的生存形式。集体的生存模式使得被他人认可与接纳变得至关重要，这是因为一个人一旦被他人否定和排斥，甚至被赶出部落，那么作为孤零零的生命个体就必死无疑。随着时代不断发展，人类不断进步，人们渴望获得他人认可的心理变得越来越强烈，这其实是为了获得能够继续生存的安全感，因为得到集体的接纳就意味着增加生的希望和机会。

第四章
精准努力，实现精进人生目标

如今，人类社会发生了巨大的改变。生活的模式变得多样，生存的环境变得更加复杂，人类的心理发展相对滞后，所以无法在第一时间就适应飞速发展的时代。在新时代新的生存模式下，获得集体的接纳和认可已经不是生存下去的必要条件，一个人只要跟随大众而不要过于特立独行，就能好好活着。时代发展至今，我们会发现个性被提升到前所未有的高度，成为人才的必要特征之一。但是虽然现代社会允许独特性的存在，却并不意味着我们真的能够做到无视他人的评价。我们以独特的姿态站立于天地之间，我们希望自己得到他人的肯定，我们希望自己获得他人的赞美，这样的心理需求依然存在。

现代社会中有很多大龄未婚男女，最害怕的事情就是回老家过年，因为这意味着他们将会成为七大姑八大姨口中的谈资，还要随时准备被这些关心自己的亲戚朋友们品头论足。有些单身男女因为不堪压力，所以仓促地相亲，结婚，最终婚姻生活过得不幸福，发现远远没有自己自在独行时过得舒服惬意，因而后悔不已。在职场上，很多人明明不喜欢阿谀奉承，却为了得到领导的赏识和器重，而不得不曲意逢迎，长此以往迷失了自我，哪怕如愿以偿获得了更高的薪水和更高的职位，也郁郁寡欢。对于成功，每个人都有自己的衡量和评判标准，对个人而言，最大的成功就是活出自己真实的样子，拥有自己想要的人生。

不要在意他人的评价，也不要因为他人的评价就改变自己的决定或者行动。人生而矛盾，能够平衡好自己的内心已经是很难得的，如何能够赢得所有人的喜爱呢？既然不管怎么努力改变都不能让所有人满意，那么不如放弃让人满意的想法，只做最真实的自己，这样反而潇洒从容，无怨无悔。从某种意义上来说，不在意他人的评价是一种很高明的战略。作为成熟的成年人，理应更加重视自己的真实想法，也敢于直接面对自己的真实感受，这样才能保证内心是井然有序的，是丰富充实的。也唯有做到这一点，我们才能彻底屏蔽外界喧嚣的声音，倾听自己的内心，成为自己期望的样子。

对于同样一件事情，如何做才是正确的，不同的人有不同的考量，也有不同的评判标准。只有彻底摆脱讨好他人的性格，我们才能成为真正的自己，坚持做自己认为正确的事情，坚持发现自己喜欢的事情并发展爱好，坚持选择自己想走的人生道路，坚持以让自己舒适的方式与他人相处。人活一世，草木一秋，生命说长也长，说短也短。既然生命的时光是宝贵的，我们就不要浪费生命的时光去成全他人，而要把生命中的每一分每一秒都活出自己独特的光彩。

换个角度来看，在坚持做自己的过程中，我们还要允许他人发表评价和判断。有些人特别强势，一旦发现自己无法获得他人的赞美，就会强求他人不要否定和贬低自己。俗话说，谁人背后无人说，谁人背后不说人。我们可以掌控的只有自己的言行，而不能改变他人的想法和言行举止。所以要慷慨大度一些，不干涉他人评论我们的自由。只有内心充满勇气，敢于担当的人，才能直面流言蜚语，而保持内心的淡定从容。

在坚持做自己的过程中，一定要笃定内心，无须关注他人是怎么看待和评价我们的，而是要专注于做好自己的事情，也要坦然地面对自己的行为举止引起的一切后果。真正的安全感不是从外界的人和事获得的，而是源自我们的内心，是内心拥有力量和充满勇气的表现。正如但丁所说的，"走自己的路，让别人说去吧"。

还需要注意的是，做自己并不是固执的表现。即使坚持做自己，也要保持理性和包容开放的态度。做自己并不是偏执地坚持错误的观点、原则或者立场，而是坚持自我探索，最终发现自己的优势和特长，这样才能扬长避短或者取长补短，也以核心竞争力为自己赢得美好的未来。此外，即使坚持做自己，也要顾及他人的情绪和感受，既特立独行不被他人要挟，也能全然接纳自己，认清自己想要怎样的人生。只有心智成熟，坚持做好自我管理的人，才能淡然面对他人的评价，笃定做好真实的自己。

不要浪费时间进行无效社交

时间是组成生命的材料，如果没有时间，生命也就不复存在。正因如此，大文豪鲁迅先生才说，浪费别人的时间就等于谋财害命。要想掌控时间，我们既不能浪费别人的时间，也不能浪费自己的时间。生命尽管是漫长的旅程，但是每个人真正能够掌控的时间都是有限的。与其白白浪费时间去做无意义的事情，不如争分夺秒，把每一分、每一秒的时间都用来做有价值、有意义的事情，这样人生才会更加充实、更加美好。

现代社会中，人脉关系被提升到前所未有的高度，很多人都意识到只有拥有人脉资源，才能更加顺利地得到贵人相助，并如愿以偿地得到各种好机会。从这个意义上来说，那些必不可少的社交活动就像是无形的投资，不管付出了多少时间、精力和金钱，有朝一日都会得到等额的回报。相比之下，那些可有可无或者毫无意义的社交，则是在浪费生命，根本不可能得到任何回报。认清楚这一点，我们就要注意区分有效社交和无效社交，这样才能如同俗话说的"好钢用在刀刃上"，把所有的时间和精力都投资于有效社交。

很多职场人士都有过这样的经历，即在社交场合，不得不在酒桌上赔着笑脸对牛人阿谀奉承，还说一些言不由衷的客套话。在此过程中，如果能够得到对方的回应，那么恰巧可以借

第四章
精准努力，实现精进人生目标

此机会加微信，以备将来联系。然而，对于你这样仅有一面之缘的陌生人，牛人真的能留下印象吗？也许等到你按捺住蠢蠢欲动的心等了三天，终于鼓起勇气和牛人联系时，牛人早就毫不留情地把你删除了。看着自己发布出去的问候和自我介绍，你的心里一定百感交集，五味杂陈："原来我的费尽心思在他人眼中如此不值一提，我的联系方式更是别人随手可以删除的垃圾信息。"

其实，建立更为广泛的人脉关系固然重要，更为重要的是这种关系应该是牢固的，而非一厢情愿地攀附。对我们而言，不管别人有多少钱，有多么强大的人脉关系，那些资源都是我们可遇而不可求的。尤其是在喝得醉醺醺的酒桌上，很多人都会本着"来者都是客"的心态赔着笑脸应酬，压根不会真的记住对方，也不会真心想要与对方成为朋友。既然如此，与其浪费时间和精力开展无效社交，不如花费更多的心思维持已经结交的朋友关系，增进朋友感情，这样等到关键时刻就可以得到朋友相助。

在职场上，很多无效社交是被动进行的。例如，对于同事的邮件和微信，很多人都不好意思置之不理，因而会尽心尽责地每次必回，长此以往，自然会占用精力，浪费时间。有的时候，同事主动提出邀请，要一起去逛街、喝茶或者是唱歌，也会因为不懂得拒绝或者怕得罪对方而只能勉为其难地接受。然而，人际交往中的各种事情层出不穷，如果不懂得拒绝，就会使自己陷入无休止的人际消耗中。

其实，我们完全没有必要回复所有的微信、短信和邮件，在工作上就应该单刀直入，简单直接。尤其是同事之间奉行互利合作的关系，就更要与同事之间保持好合适的距离，也要明确工作和交往的界限。至于和朋友之间，对于心意相通的朋友，很多话不必明说，对方也会理解。特别是对于那些知己类型的朋友，就更是要营造良好的交往氛围，让彼此都感到舒适和温馨。

尽管人们常说多个朋友多条路，多个敌人多堵墙，但是，朋友未必越多越好。很多人在风光无限的时候身边簇拥着无数人，等到落难的时候，就会发现树倒猢狲散，众多的朋友仿佛在一夜之间都消失了。如果侥幸还剩下几个朋友，那么这几个朋友就是大浪淘沙剩下的真朋友。对于朋友关系，社会心理学家曾经进行过深入研究，发现在人生中，一个人在同一个时段只能与有限的朋友相处，而不可能真正做到朋友遍天下。他还列举了相应的数字：一个人如果拥有10个可以同患难的朋友，拥有30个能够保持联系的朋友，拥有60个同学、同事等有点头之交的朋友，那就是极其幸运的。

"朋友"的概念可以很狭窄，如古人所云"得一知己，人生足矣"，也可以很宽泛，如那些只有点头之交或者一面之缘的人也可以被列入朋友的范围。然而，其中哪些人是真朋友，哪些人是假朋友，只有经历过更多的事情才能得知。常言道，路遥知马力，日久见人心。真正的朋友既要同享福，也要共患难。在网络时代里，大多数人的朋友圈都远远超过60人，与其把宝贵的时间和精力用来维护泛泛的朋友，不如集中时间和精力维护真正值得深交的朋友。

然而，一个人不可能把所有的时间和精力都用于结交朋友，除此之外还要工作，还要生活。由此可见，每个人真正能够用于社交的时间少之又少。不管何时，我们都不能本末倒置，要以生活和工作为基础，才能发展人际关系。职场上，有些人很善于交往，他们会与朋友之间进行资源交换和信息交流。如此一来，既能够互相开阔眼界，又能够彼此帮忙成全，可谓一举数得。

从这个角度来看，先不要急于抱怨自己的朋友太少，而是要反观自身是否真的掌握了宝贵的社会资源。换言之，如果我们真的掌握了社会资源，有能力帮助他人，那么他人就会主动接近我们，结交我们。当发现自己所谓的朋友都是一面之交或者是点头之交时，你就要认识到其中极少有人能够真正帮助到你。我们的当务之急是提升自身的能力，让自己成为他人愿意进行资源互换的对象。

这么说来也许过于功利，但这就是现实，尽管残酷，却最真实。当我们成为具有影响力的人，当我们成为行业内的专家和学者，当我们说出去的话和做出来的事情都具有分量，我们就会成为别人的最佳结交对象。否则，对一个无权无势也没有特长和本领的人而言，即使认识很多牛人，对方也未必会真心愿意提供助力。人们常说，这个世界上没有永远的朋友，也没有永远的敌人，只有永远的利益。最好的社交能够彼此助力，相互成全，能够让自己和对方都变得更加优秀和杰出。

一方面，每个人都要拒绝无效社交；另一方面，每个人都不要主动发起无效社交。通常情况下，无效社交圈具有三个显著特征：第一个特征是同质化严重，这意味着大家所有的资源是相似的，因而会出现在某个领域资源过剩而在其他领域资源匮乏的情况；第二个特征是没有交集，有效社交圈里所有人之间一定是有交集的，这样既能避免同质化严重的情况，也保证了不同的人之间有共同语言，也志同道合；第三个特征是缺乏流动性，这意味着大家都保持原样，停滞原地，如同一潭死水一样波澜不惊，自然也就会缺乏生机和活力。

要想建立有效的职场社交圈，我们就要坚持做到以下几点。

第一点，互惠互利。人与人之间存在各种关系，其中，互惠互利的关系是最为长久和稳定的。我们只有先成为令人骄傲的朋友，才能结交到令自己骄傲的朋友。

第二点，减少网络社交。大多数网络社交都是无效的，与其浪费时间进行网络社交，不如花费时间加深与现实中朋友的关系。尤其是在各种各样的群聊中，更是充斥着毫无意义的话题，一定要敬而远之。

第三点，有的放矢，结交值得的人。不是所有人都值得我们付出时间和精力去认识，去相处，在结交新朋友的过程中，一定要擦亮眼睛，明确对方真正吸引我们的是什么，还可以主动出击，创造各种机会认识自己想认识的人。俗话说，朝中有人好做官，对职场人士而言，如果能够认识资历比自己深、职位比自己高的人，那么一定会受益匪浅。此外，无须对对方阿谀奉承，越是身居高位者越是高处不胜寒，真诚友善的朋友才是他们所需要的。

总之，坚持有效社交，职场人士才能获得更多可以利用的资源，也才能有更多发展和成长的好机会。

手机是时间的黑洞

每天早晨，很多职场人都顶着一双熊猫眼步履匆匆地赶赴单位，他们并非熬夜加班奔前程，而只是因为前一天晚上躺在床上又不知不觉被手机偷走了时间。很多人经历的夜晚都是完全相同的,他们拖着疲惫的身体,搭乘拥挤的公共交通工具回到家里,为了节省时间,他们也许只会在回家的路上随便吃点儿路边摊。但是,在回到家里之后,他们之中的大多数人勉强支撑着完成洗漱,也有少部分人压根没有洗漱,就赶紧窝在沙发里,或者躺在被窝里,开始了期待一天的手机时光。他们也并非使用手机处理工作,绝大部分人都在浏览无关的网络新闻,或者观看网络上的八卦信息、形形色色的小视频等。他们一直告诉自己再看最后一个视频就睡觉,但是,不知不觉间一个小时过去了,两个小时过去了,直到眼睛酸涩得睁都睁不开,他们才终于极其不情愿地关掉手机屏幕,一秒陷入沉重的睡眠。久而久之,很多人都严重缺乏睡眠,肤色黯淡无光,脸上布满细纹,精神也倦怠萎靡。

不得不说,在网络时代里,手机已然成为最大的时间黑洞。无数人被卷入时间黑洞中,任由时间悄然流逝。如果想要成为时间的主人,主宰和驾驭时间,我们就要改掉使用手机消耗闲暇时光的坏习惯,而是要充分利用手机为自己的时间保值增值。如今,还有人特别喜欢刷短视频,尽管每个视频的时间都不长,但是一个又一个的视频看下来,一两个小时不知不觉间就溜走了,杳无踪迹。很多朋友都深有感触,认为玩手机的时间过得尤其快,明明觉得自己才拿起手机不长时间,却已经过去了一两个小时,甚至整个晚上都消失在短视频的时间黑洞

第四章
精准努力，实现精进人生目标

里；明明和朋友约定一起玩一盘王者荣耀，只是为了起到调节心情的作用，却一不小心玩了整个下午……一旦拿起手机，每个人的时间仿佛按下了快进键，消逝的速度前所未有的快，简直让人应接不暇。曾经有调查机构准备了问卷，了解不同的人每天都会使用手机多久，真是不调查不知道，一调查吓一跳。有很多网友表示自己每天面对手机屏幕四五个小时，还有极少数网友表示自己每天面对手机屏幕超过十个小时。这是多么可怕的数字啊，手机已经彻底绑架了我们的生活，让我们无处可逃，无处遁形，只能任由手机占用宝贵的时间。

要想改掉玩手机的坏习惯，就要戒掉手机瘾。不得不说，如今很多人有手机瘾，在短短的几分钟时间内，他们就会无意识地拿起手机看一看，或者在离开手机几分钟之后就四处寻找手机。从这个角度来看，手机对他们而言就像是空气一样不可或缺。戒掉手机瘾需要付出极大的毅力，也需要坚持管理好时间。与其把宝贵的时间白白浪费在手机上，不如坚持进行自我提升，例如，每天都抽出固定的时间学习，或者参加网络培训课程，或者坚持阅读。也许放下手机拿起书本一天两天没有明显的效果，但是只要假以时日，长久坚持，就能够产生时间的复利，形成良好的成长态势。

戒掉手机瘾需要极强的毅力，例如，每天晚上躺在床上之前，就把手机放在远离自己的地方，坚决不要打开朋友圈浏览；每天早晨醒来之后第一件事情应该是起床洗漱，而不是拿起手机观看各种新闻。为了减少手机依赖，还可以准备一个闹钟，这样就不需要把手机放在床头了。除此之外，还要卸载手机上的各种游戏软件等，减弱手机对自己的吸引力。总之，只要下定决心远离手机，改变使用手机的不良习惯，并当机立断地改变自己的行为，我们就能有所改变。尤其是在节假日期间，更是可以计划进行户外活动，例如，与朋友们一起远足，或者是进行户外烧烤活动，还可以去养老院、孤儿院等地方当社工等。这些活动都是特别有意义的，能够帮助我们降低对手机的依赖，与此同时也从现实生活中感受到更多的美好。

不管是在生活中还是在职场上，很多人都出现了手机综合征的表现。具体来说，有人患上了刷屏强迫症，即每隔很短的时间就要查看手机上有没有收到新的信息，或者朋友们有没有发布新的动态；有人纯粹属于容易受到打扰的体质，不管做什么事情，都会主动地拿起手机浏览，不知不觉间就丢失了时间，使原本能够按时完成的工作无限期延迟；有人患上了手机依赖症，症状的严重程度甚至到了他们明明手里拿着手机，却慌里慌张地四处寻找手机的地步。不同的人有不同的手机依赖症状，根源都在于被手机捆绑和束缚。

为了营造安静的学习和工作环境，我们可以采取很多措施，例如，把手机调成静音模式，以保证自己能够专注地完成

第四章
精准努力，实现精进人生目标

一些事情；把手机放在远离自己的地方，给自己随时拿到手机设置障碍，从而帮助自己打消拿起手机看一看的念头。一个人在全神贯注的情况下完成的工作量，很有可能是时而拿起手机看一看的状态下完成的工作量的几倍之多。所以手机不但偷走了我们的时间，也使我们学习和工作的效率大大降低。尤其是对那些迷恋手机游戏的人而言，他们更是会为了玩游戏虚度光阴。

从手机的时间黑洞里挣脱出来，我们就可以把玩手机的时间节省出来，这样不管是对于学习还是工作，所拥有的时间都会更加宽松和充裕。时间是生命的载体，而我们是生命的主人，所以我们要学会合理规划和安排时间，也要提升时间的利用效率，这样才能创造精彩绝伦的人生。

第五章 自我赋能，紧跟时代脚步成长

生存在瞬息万变的时代里，我们必须坚持自我赋能。坚持不断成长，才能形成成长思维模式，以前进的姿态紧跟时代的脚步，以成长的心态顺应时代的潮流，也以积极的改变使自己成为时代不可或缺的重要分子。

不要自我设限

作为一个四肢健全、身体健康的人，我们也许从未想过万一发生意外，自己不能继续保持现在的良好状态，那时应该怎么办。例如，突然间失去双腿、突然间陷入黑暗、突然间变得生活不能自理……在世界上的各个国家里，很多伟大的人都给命运交上了完美的答卷。例如，海伦·凯勒从一岁多患上猩红热之后就失去了听力和视力，从健康的幼儿变成了重度残疾者。但是，她不但跟随家庭教师莎莉文学习，而且读完了大学，出版了《假如给我三天光明》。她还成为世界上无数年轻人的灯塔，帮助置身于黑暗的他们指引前进的方向。如果命运不曾和海伦开这样的玩笑，那么海伦也许只会作为一个普普通通的孩子，按部就班地过属于自己的平凡人生。著名的音乐家贝多芬在失去听力之后，还创造了举世闻名的交响曲，让无数人听到都为之震撼，为之心潮澎湃。在中国古代，司马迁遭遇残酷的宫刑，在监狱里完成了《史记》，被鲁迅先生赞誉为"史家之绝唱，无韵之离骚"。举世闻名的科学家霍金，以残疾之躯在科学领域不懈攀登，给全世界留下了宝贵的科学

第五章
自我赋能，紧跟时代脚步成长

遗产。

很多人在生命的历程中都会遭遇意外的打击，有些意外只是带给人们惊吓，有些意外却使人陷入命运的深渊之中，也陷入了绝望和无助之中。然而，不管面对怎样的境遇，我们都要始终怀着坚定不移的信念，都要鼓起信心和勇气。遗憾的是，很多人都不愿意绞尽脑汁地想办法解决难题，而是始终把自己困在牢笼里，认为自己已经失去了所有的希望，只能选择被动地接受命运的安排。在他们的心目中，哪怕只是失去一根手指，也会严重影响他们的工作和生活，为此他们就只能接受家人的照顾，成为家人的负累。用积极的心态进行考虑，我们就会意识到不管受到了命运怎样的打击，只要信心不倒，信念永存，就总会想出办法战胜厄运。

每年高考季，都会出现一些寒门出贵子的新闻，这些出身贫寒的孩子，能够挣脱命运的束缚，爆发自身的潜能，在学习的道路上勇攀高峰。和生在大城市且家庭条件优渥的孩子相比，他们的生存条件的确很艰难，但是他们没有放弃努力。哪怕有些人一出生就在罗马，而他们即使穷尽一生去努力也未必能够到达罗马，他们也不会选择躺平和摆烂，而是用尽自己所有的力量去创造，去改变。每一个出自寒门的贵子都有着决绝的信心和勇气，也有着永不服输的野心。反之，如果他们自我设限，认为自己出身于偏僻的乡村，没有显赫的家世和背景，因此就选择接受命运的安排，而不是竭尽全力去突破和改变，那么他们就不可能打开人生的新篇章。

要想获得突破性的发展，每个人都要打破自我设限，让自己的发展和成长没有上限。如果把自己困在牢笼里，不去思考如何发挥自己的潜能来解决问题，那么这个人就会一事无成。

尼克·胡哲出生于澳大利亚墨尔本，他是一位励志演讲家，鼓舞了全世界很多年轻人振奋精神与命运抗争。他天生患有海豹肢症，这是一种罕见的先天性疾病。患有这种疾病的人如同海豹一样没有四肢，尼克·胡哲也不例外，他的左侧臀部下面长着一只小"脚"，这个畸形的小"脚"上只长着两个脚趾头。幸运的是，尼克·胡哲的父母很爱他，也对他尽职尽责，坚持抚养和教育。

胡哲的父亲是工程师，母亲是护士。早在胡哲6岁时，父亲就耐心地教他用"小脚"打字。与此同时，母亲为他量身定制了一个特殊装置，这样胡哲就能学习"握笔"了。和很多同龄人一样，胡哲8岁入学，因为总是遭到同学的嘲笑、捉弄和欺侮，所以才短短两年的时间，胡哲就产生了自杀的想法，试图在浴缸里溺死自己，但他失败了。后来，他不再试图自杀，而是正视自己的身体残疾，也想方设法地活出自己的精彩。他的内心变得越来越强大，他坚信每个人都能到达自己的人生巅峰。

第五章
自我赋能,紧跟时代脚步成长

19岁那年,胡哲打电话向学校推销自己的演讲,可想而知,他遭到了拒绝。但是,哪怕被拒绝了很多次,他依然没有放弃,而是继续打电话继续推销,最终获得了一个演讲机会。这次演讲只有五分钟,胡哲却因此得到了50美元的薪水。自此,他克服了无数困难,正式开启了演讲生涯。他的自信日渐增强,勇气也与日俱增,他学会了游泳,还学会了打高尔夫。对普通人而言,这些事情都是很容易的,但是对胡哲而言,学会这些事情必须付出百倍的努力。一切困难都没有吓倒胡哲,他在全世界范围内进行巡回演讲,以他的生命之笔书写奇迹,感动世界。

在这个世界上,很少有人的身体和尼克·胡哲一样重度残疾,所以大家都无法验证自己如果和尼克·胡哲一样患上海豹肢症,是否能如同尼克·胡哲一样积极进取。有一点是肯定的,尼克·胡哲之所以成为励志演讲家,主要是因为他从未因为身体缺陷而给自己的人生设置限制。与此相反,他主动解决命运的难关,让自己的人生获得了长足的发展。

很多人养鸟,都要把鸟关在笼子里,这样才能避免鸟儿飞走。但是,在墨西哥,鹦鹉却不会飞走。难道墨西哥鹦鹉没有会飞的翅膀吗?当然不是。它们是被一根无形的铁链拴住了。为了控制墨西哥鹦鹉,驯鸟人会把刚出生不久的鹦鹉放在一根棍子上,鹦鹉本能地用脚爪抓住棍子,但是驯鸟人却猝不及防地把棍子抽走。这样一来，鹦鹉就会摔在地上。如此反复，鹦鹉只能牢牢地抓住棍子，才能避免摔落在地上的厄运。等到这个时候，不管驯鸟人多么用力地试图抽走棍子，被恐惧控制的鹦鹉都会死死地抓住棍子，这使得即使不用铁链拴住鹦鹉，鹦鹉也不会飞走。可以得知，是恐惧控制了鹦鹉，所以鹦鹉无暇发挥自己的天性，更没有机会发现自己会飞的优势。也是因为恐惧，鹦鹉给自己设置了限制，让自己永远都无法突破这种限制。

现实生活中，我们应该有更大的格局，也应该拥有宽裕的心智空间。唯有如此，我们才愿意去尝试更多的可能性，也才能无限拓宽人生的天地。否则，就会鼠目寸光，作茧自缚。毋庸置疑，任何事情都存在不确定性，当陷入因为不确定性引发的恐惧之中时，人们的思考力和行动力都会下降，因而只能死死抓住自己能够抓住的一切。很多人都会给自己设想各种各样的条件，例如，我必须有一个独立的书房，才能好好学习；我必须努力加班，才能升职加薪；我必须全力以赴，才能避免失败……这些条件如同枷锁一样捆绑在人的身上，使人动弹不得，感到窒息。

美国大名鼎鼎的心理学家马丁·塞利格曼提出了习得性无助的概念。这个概念是他从一个实验中得出来的，实验结果证明，被关在笼子里的狗如果每次试图逃跑时都会遭到电击，那么哪怕笼子的门没有上锁，它也不敢再次尝试逃跑了。人又何尝不是如此呢？因为既往的经验，很多人束手束脚，不敢想，更不敢干。正是因为如此，才有人说经验主义害人。还有人因为曾经挫败的经历陷入颓废状态，失去了所有的希望，被困于不如意的命运之中。也有些习得性无助是因为否定自己、自我认同感和价值感低引起的。不管是因为什么原因导致习得性无助，我们都要致力于改变这种状态，竭尽全力打破内心的囚牢，这样才能海阔凭鱼跃，天高任鸟飞。

走好人生中的每一步

人生有不同的阶段，在每个阶段，人们都有特定的目标。例如，青春期孩子渴望考上重点高中，就读理想的大学；在进入大学之后，他们又面临着大学毕业之后是继续深造还是开始工作的难题，举棋不定，犹豫不决。等到终于完成了求学的人生大事，他们又为留在哪个城市工作而纠结，如果其中牵涉到人生另一半的去留，则问题会变得更加复杂。有人说，人生是一场旅程，没有人知道旅程的终点在哪里，这使他们产生了强烈的不确定感。然而，生命终有结束的时候，与其为了必然到来的终点而惶恐不安，不如放平心态，坦然活在当下。

人生，更是由一个又一个的选择串联起来的。人生的每一步都是一个选择。在少不更事的时候，父母代替孩子做出各种选择，把自认为对孩子好的一切都给予孩子。随着年岁渐长，孩子有了自主意识，不愿意接受父母的安排，也不愿意对父母言听计从，因而他们就开始尝试着独立做出选择。有些父母爱子心切，想要继续对孩子全权包办，结果与孩子之间爆发了激烈的矛盾和冲突，导致亲子关系剑拔弩张。明智的父母一定要学会放手，跟随孩子成长的脚步，与时俱进地给予孩子更大的自由。这是父母对孩子的尊重，在自由宽松和民主的家庭氛围里，父母才能更好地引导孩子。

很多人误以为生命的转折点出现在那些特别重大的时刻，其实这是误解。在很多情况下，人们只是漫不经心地做了一个选择，人生就会悄然转折。虽然选择能够扭转和改变命运，但我们却没有必要因此就畏惧选择。每当选择来临时，与其逃避，不如勇敢面对；与其焦虑，不如坦然应对；与其紧张，不如放松心情。毕竟该来的总会来，任何事情都不会因为我们的心境发生变化就消失或者产生。

人生看似漫长，实际却只有短暂的三天，即昨天、今天和明天。昨天已经成为过去，变成了不可改变的历史；明天还未到来，是我们无法掌控的。唯有今天，才是我们能够真正掌控的一天。只有竭尽全力把控今天，我们才能拥有无怨无悔的昨

第五章
自我赋能，紧跟时代脚步成长

天，也才能创造更加美好的明天。所以不要因为任何原因自怨自怜，一定要想清楚自己想要怎样的人生，也一定要明确人生的方向和目标。方向和目标恰如灯塔，指引着我们在漫无边际的海面上航行，帮助我们定位抵达目标的路。

对于人生，很多人也许进行过思考，却从未有明确的答案。这不是因为思考的方式不正确，也不是因为思考没有深度，而是因为我们思考的方向错误了。我们需要先设想对人生的愿景，准确地定位当下，才能为自己的成长构建最佳路径。反之，如果我们压根不知道人生的方向是什么，那么不管多么努力都无济于事，还会因为方向出现错误而南辕北辙。我们理解了自我设限的心智模式，也意识到突破和超越自己多么重要。那么，接下来要做的就是拆解远大目标，制订详细计划，这样才能一步一个脚印地踏实前行。

所谓准确的自我定位，就是形成人生观、价值观和世界观，从而在正确观念的引导下进行人生选择的整个过程。自我定位帮助我们明确人生的方向，也帮助我们在成长过程中笃定内心，坚定信念，制定各种原则，坚持自我管理，由此形成良好的人生习惯，真正地重构自我。要想实现这一点，我们就要形成人生愿景。一言以蔽之，愿景就是期望自己拥有怎样的人生，成为怎样的人。愿景清晰，人生目标就会清晰，努力也会有明确的方向；反之，愿景模糊，人生目标就会特别模糊，努力也常常偏离正常的轨道。在确定愿景之后，我们才会探索自己真正的内心需求，也明确自己真正的理想。大多数人都想要获得幸福的人生，也可以说幸福是很多人的人生终极追求。在有了愿景之后，我们还要有明确的原则，作为进行思考和展开行动的依据。原则告诉我们应该在什么时间做什么事情，也帮助我们明确人生的方向，助力我们正确地做出选择。

在进行自我定位，有了目标和愿景之后，我们就可以着手制订计划了。每到新年伊始，很多人都会为自己立下一年的目标，例如，攒多少钱，减掉多少斤体重，购买一套多大的房子，获得多高的薪水等。这些目标很诱人，令人心动，但是要想得以实现还需要制订计划。所谓计划，就是把这些目标进行分解，使其成为每个月、每一周甚至是每天的具体安排。没有人能仅凭着减肥的志向就成功减肥，也没有人能仅凭着攒钱的目标就发财，更没有人能仅凭着目标就住进大房子。任何目标的实现，都离不开持之以恒的高效努力。计划能够督促我们每时每刻都坚持努力，也能督促我们不忘初心。

从本质上来说，计划是路径规划，目的在于实现目标。举个简单的例子，一个从未参加过马拉松训练的人立志要在接下来的一年里参加马拉松比赛，那么就要制订可行的训练计划，坚持每天都进行跑步训练，才能增强心肺功能，增强体能和耐力，使自己渐渐具备参加马拉松比赛的条件。由此可见，真正的计划结合了目标和合理规划，而且要以实际行动作为强有力的支撑。如果缺乏了目标、规划和行动这三要素，那么计划就会变成一纸空文，除了罗列各项任务，毫无其他用处可言。

在完成上述步骤之后，我们还要进行反思。反思是自我定位系统的最后一个环节，也是至关重要的一个环节。唯有反思，我们才能判断自己的愿景是否合理，也才能判断自己想要的人生能否得以真正实现。在反思的过程中，我们会觉察和意识到很多问题的存在，进而进行及时调整。从这个意义上来说，坚持反思是极其重要的，如果没有反思，那么整个自我闭环定位系统就是不完整的。人生是漫长的，且充满了各种变数，我们唯有做好充分的准备，坚定不移地迈好人生的每一步，才能在人生的道路上走得更远，走得更好。

做下笨功夫的聪明人

真正的聪明人从来不惧怕下笨功夫，他们深知成功不是偶然运气爆棚的结果，而是经年累月不断积累的收获。为此，他们耐心地走过孤独，走过寂寞，走过人生中的积累期，又满怀欣喜地跨越复利曲线的拐点，到达了实现目标的重要时刻。那么，在获得成功之后，接下来要做什么呢？难道能够就此享受成功的丰硕果实，再也不努力奋斗吗？当然不是。时代发展的速度如此之快，所有人都被裹挟于时代的洪流之中，无法停下脚步，无法选择"躺平"。真正的躺平，也许只有生命终结的时刻才会到来。既然如此，与其被动地努力，不如主动出击，抢占先机。

　　过年时，莉莉特意准备了礼物去看望高中时期的班主任。班主任具有很高的文化修养，把女儿培养成为了香港大学的博士。恰逢女儿博士毕业，班主任兴致高昂，和莉莉说了很多，还探讨了人生问题。提起女儿即将进入一家科研机构从事课题研究工作，班主任感慨地说："现在的年轻人真是不得了，博士毕业了还要坚持学习。再反观我自己的一生，我感到很羞愧。自从大学毕业后，我就很少学习了，只是参加了学校组织的单位培训而已。要是我也有坚持成长的心态，几十年来坚持学习，那么今天会不同往日。"莉莉受到老师的启发，也感慨万千，当即表示自己也要重新开启学习的模式，不但学习专业知识，也要拓宽学习的范围，让自己的知识体系融会贯通。

　　春节过后，莉莉回到公司继续上班。想到年前因为公司要进行改革，要求所有岗位上的工作人员都进行再学习，她还曾因此而颇有怨言，不由得感到羞愧。她一改往日对待工作漫不经心的态度，自掏腰包报名参加了培训班，还购买了很多专业书籍准备开始自学。经过一段时间的勤奋苦学，莉莉的专业水

第五章
自我赋能，紧跟时代脚步成长

平得到了提升。与此同时，她还自学了商务英语。很多同事都嘲笑莉莉学习商务英语是多此一举，认为以公司的规模根本没有出国的机会。让他们万万没想到的是，公司不久后就有了一次与外籍企业合作的机会，莉莉正好抓住这个机会兼任翻译。后来，外籍企业指名让莉莉负责这个项目，莉莉摇身一变，从普通员工变成了项目负责人，同事们全都羡慕不已。

人们常说，机会只留给有准备的人。对于学习和成长，我们一定要改变落后的观点，再也不要认为只要考上大学，拿到大学文凭，自己在学习的道路上就可以止步不前了。俗话说，活到老，学到老。如今的网络时代信息爆炸，各种各样的信息铺天盖地而来，我们必须坚持提升自我，坚持成长，才能在人生的道路上有更好的发展和前途。人生如同逆水行舟，不进则退。如果我们始终停在原地，那么就会被无数同行者超越。在上述事例中，莉莉受到高中班主任的启发，抓住青春时光继续勤奋学习，而且有先见之明地学习了商务英语，这样才能在公司与外籍企业有合作机会时，一举改变职业生涯的发展路径。

老话说得好，技多不压身。不管对谁而言，多学一个傍身之技总是没坏处的。通过学习，我们不但增加了知识，开阔了眼界，还丰富了见识，增强了能力，可谓一举数得。真正聪明的人不会在考入大学之后就完全松懈下来，一改高中阶段的奋力拼搏，转而享受安逸，因为这样只会让自己有朝一日后悔莫及。一定要抓住大学时光认真学习，即使离开大学校园，进入社会开始工作，也要一如既往地全力学习。

不管处于人生的哪个阶段，我们都要有奋斗的目标和动力。所有的现代人都要坚持终身成长，才能紧跟时代发展的脚步，不被时代淘汰。这意味着我们要把努力作为生活的常态，要把奋斗作为人生的姿态，也要把持续积累作为人生胜出的力量源泉。人生在不同的阶段有不同的目标，每当实现前一个阶段的目标，我们接下来要做的就是调整好状态，投入接下来的人生历程中。学无止境，学海无涯，真正认清楚这个道理，我们就会全力以赴地奔向美好的未来，也亲手创造美好的未来。

每个人都要坚持形成成长型心智模式，这样才会始终对于人生充满热情和激情，充满源源不断的动力，也才能够主动地尝试新鲜事物，接纳新鲜事物，也才能保持旺盛的生命力。即使犯错，即使遭遇失败，也没关系，因为犯错误和失败都是成长的必然。只要端正态度，以积极的心态去面对，不管是错误还是失败都会成为我们成长的契机，都会给予我们更强大的人生动力和更开阔的人生发展空间。

在自然界中，各种生物都在不断进化，人类当然不能止步不前。只有不断地尝试，坚持反思和改正错误，我们才能获得成长。任何时候，都不要满足于当下所取得的成就，也不要被禁锢于当下所有的目标。人生不设限，未来更精彩，要相信我们值得命运更慷慨的馈赠，要相信我们可以凭着实力创造精彩充实的人生。

勇敢跨界，创造奇迹

很多人都特别保守，只能固守在自己熟悉的领域中谋求发展，而不敢大胆地跨界寻求创新和突破。实际上，对个人而言，跨界是从平凡走向卓越的最佳路径，也是最优策略。如今，社会发展的速度越来越快，每时每刻都在突破知识的边界，这使得人类必须掌握更丰富、更复杂的知识，才能坚持成长，跟上时代发展的脚步。反之，如果人类墨守成规，那么整个社会就会停滞不前。

在时代的要求下，人人都要持续地积累知识，也要更加精细化地进行分工，更加专业化地密切协作。即使放眼全世界，所有的知识领域也都开始精细化操作，各种知识分门别类形成专业。如今，教育领域也进行了多次改革，致力于培养专业化人才，使人才对某个领域特别精通，这样就能以专业的知识和技能高效率地解决某个单一领域的问题。然而，如果只关注某个单一的领域，我们就无法以全面的视角观察世界，就无法全面地了解和认知问题。在这种情况下，我们又需要反其道而行，以知识跨界的方式打破固有的思维局限和思维定式，从而以全面的视角看待和分析问题。

不但企业发展需要积极地跨界，对个人而言，跨界也是很好的人生策略。通常情况下，人们致力于在某个维度上的提升，却忽略了自己也有可能在其他维度上获得进步和成长。这样的忽视使很多人都自我设限，让自己的成长空间变得越来越狭小。唯有多维度发展和成长，我们才能实现立体的人生。从维度的角度而言，跨界就是拓展单维度为多维度，并努力地促进各个维度保持均衡的状态齐头并进地发展，这样我们才会拥有立体化的优势。

针对人到底是应该依据传统专注于某个领域，还是应该秉承跨界的原则进入不同的领域，宾夕法尼亚大学医学院特意进行了研究。研究结果表明，当医学院里的学生们也开始学习艺术课程，他们就能提升观察力和识别力，从而大大提升在医疗过程中的表现。由此可见，很多领域看似毫不相干，而人的感觉却是互通的，这就决定了人不应该满足于某一个领域，而是也要积极地学习其他领域的知识，这样才能实现跨界，从而在面对问题时给出完美的解决方案。

毫无疑问的是，不管是跨界学习还是工作，都需要付出更大的成本，也有很大可能获得更大的回报。作为世界名校麻省理工学院的教授，彭特兰认为一个人只有自由自在地在知识的

第五章
自我赋能，紧跟时代脚步成长

溪流中漫步，才能获得创新能力，形成新的观念，也才能将创新能力和新的观念融入知识的溪流中，与他人的创新能力和新的观念交融碰撞，从而迸发出思想的火花。在知识的溪流中，各种思想、文化和观点发生了化学反应，这种反应将会爆发出强大的力量。

说起跨界，很多人第一反应就会想到斜杠青年。斜杠青年指的是拥有双重职业的青年，他们不满足于从事单一的职业，因而会在正式的工作之外发展第二职业，他们也就因此有了多重身份，构建了多元化生活。要想成为斜杠青年，我们也可以利用工作之外的私人时间从事自己喜欢的事情，完成自己怀揣已久的梦想，或者是成为依靠技能维生的自由职业者。

需要注意的是，斜杠青年四个字说起来简单，做起来却不容易。一个人必须拥有多元技能，才能支撑自己充满多样性和多重可能性的生活，否则只是浅尝辄止地了解不同的领域，是无法从事相关工作的。举例而言，如果一个人白天在工厂里拧螺丝，晚上去摆地摊，偶尔还会发视频，赚取流量，那么他不是真正的斜杠青年。斜杠青年的显著特点，就是在某个领域内非常优秀，是佼佼者和杰出者，也获得了话语权，赢得了更高的地位。在做好本职工作的同时，再做好其他喜欢的事情，这才是真正的斜杠青年。

优秀的斜杠青年即使因为某些原因辞掉本职工作，也不会因此就心慌不安，因为他们还有其他的傍身之技。反之，只是号称斜杠青年的人一旦失去本职工作，就无法依靠其他技能养活自己，因而压根没有办法维持正常的生活。随着时间的流逝，斜杠青年还会积累更丰富的经验，精进技能，从而更好地应对生活。他们以某一项卓越的技能为支柱，以其他技能作为辅助，让人生风生水起。尤为重要的是，他们还能把不同领域的知识和技能整合起来，促使自身不断成长和进步，实现掌握多元技能和非凡成就的终极目标。

打造自己的核心竞争力

木桶理论告诉人们，决定一个木桶最大容量的不是最长的板，而是最短的板。为此，很多人受到木桶理论的启发，坚持补足短板，而忽略了发挥长板的优势，最终却发现自己在尽心竭力地补足短板之后，并没有改变现状。他们不由得感到困惑：我已经补足了短板，为何学习和工作都毫无起色呢？要想解答这个问题，我们就必须认清，人的全面发展和木桶的容量是不同的。的确，对一个木桶而言，要想容纳更多的水，就要补足短板，否则不管注入木桶多少水，都会马上沿着短板的豁口流出去。但是，人的成长并非如此。只有在短处影响到自

第五章
自我赋能，紧跟时代脚步成长

身全面发展的情况下，我们才需要去补足短处。反之，如果某个短处或者某个缺点对于整个人的发展和成长不会起到限制作用，那么我们与其徒劳无功地去补足短处，还不如集中时间和精力发展核心竞争力。现代社会中，人才的竞争异常激烈，一个表现平平的人很难获得成就。要想在某个领域中脱颖而出，我们就必须做出与众不同的成绩，这样才能吸引上司的关注和赏识。从这个角度来看，不要再一味地补足短板了，而是应该从现在开始就积极地发展核心竞争力。当具备了核心竞争力，就意味着我们在特定领域中变得不可替代，这样既能够帮助自己在该领域站稳脚跟，也能帮助自己抓住更多好机会。

现代社会正在以前所未有的速度飞快地发展，整个世界都处于日新月异的变化之中。尤其是科技发展的速度简直令人应接不暇，这也拉开了未来的序幕。曾经在科幻小说或者科幻大片中出现的各种场景，如今已经变成了现实。每个人都必须认清未来的发展趋势，以及人类社会进步的方向，这样才能立足于未来，避免自己被时代远远地甩下。

人们常说，三百六十行，行行出状元。其实，每个行业的技术发展都有方向，这个方向是必然的，而非可有可无的。例如，几十年前电话还没有普及呢，现在几乎人手一部手机，随时随地都能上网查阅资料，与他人取得联系。虽然在几十年前人们还无法预见今日通信便捷的情形，但是通信行业发展的趋势和方向从未改变。从这个角度来说，认为行业发展的方向与重力一样是必然存在的，也是可以成立的。

近年来，人工智能的发展速度很快，也把人类带到了全新的历史阶段。例如，早在1997年，IBM公司研制的超级电脑"深蓝"就战胜了国际象棋世界冠军卡斯帕罗夫。这是因为与人脑相比，电脑可以储存海量的数据，并且拥有超乎常人的计算能力。正因如此，在与人脑的较量中，电脑才会占据上风。因为这次失败，卡斯帕罗夫产生了一个新的想法，即允许参加国际象棋联赛的选手使用人工智能进行比赛，他把人类与人工智能结合的产物，命名为"半人马"。2005年，在网络上举行了国际象棋锦标赛，最终，"半人马"夺得了冠军。"半人马"充分发挥了人类和人工智能的优势，让人类负责布局，人工智能负责进行计算，决定如何落子。可以说，不管是人类还是人工智能，都发挥了自身的巨大优势。从人类与人工智能合作赢得国际象棋锦标赛冠军这件事情来看，人类与人工智能的关系并不是彼此对立的，而应该是团结协作的。可以说，人类与人工智能的合作是社会发展的大趋势。那么，人类应该注重学习这方面的知识，并打造自身的核心竞争力，才不会被人工智能"抛下"。

除此之外，我们还要重视发展服务业，提升自身的服务能力。很多西方发达国家的产业格局呈现出非常明显的特点，即

第五章
自我赋能，紧跟时代脚步成长

服务业占比高，而制造业占比低。例如，在美国，教育行业、医疗行业、商业服务行业、娱乐休闲和酒店行业等，都有着很好的发展前景。这是因为随着人工智能的高度发展，人类将会被从繁重的工作中解救出来，因而有更多的时间和精力进行娱乐休闲，这就需要服务行业提供优质的服务。

有人认为服务行业社会地位低，工作繁忙，不是很理想的选择，这样的想法大错特错。任何时候，社会上都需要从事服务行业的人，为更多的人提供服务。举例而言，如今很多家庭都没有购买私家车，这是因为网约车时代到来，只需要动动手指就能打车，甚至打车比开私家车更为方便。此外，有相当一部分家庭不再设置厨房，这是因为外卖服务业越来越成熟，有很多品牌商家都加入外卖订餐的行列，也有很多年轻人当起了外卖员。相信随着不断发展，行业的运营会越来越规范，我们也能更为便捷地在家里吃到外送来的各种美食。这使越来越多的人选择点外卖，或者是打车，因为这些服务极其便利。

马斯洛的需求层次理论告诉我们，人的需求可以被分为五个层次，其中最高的层次是精神层级的需求，而最低的层次是生理需求。只有满足基本的生理需求，人们才会去追求更高级的精神需求。现代社会中，大多数人都不缺乏物质，这意味着大多数人都产生了精神需求。在人生需求方面，中产阶级的表现最有典型性和代表性。所谓中产阶级，是指已经满足了基本的生活需求，并追求更高层次的满足的人。他们有房子住，也有足够的钱享用美食，继而产生的就是对成就、声誉和社会地位的渴望，以及获得尊重的渴望。为了丰富精神生活，很多中产阶级都致力于发展人际关系，这样才能与上层人士进行交往，也会主动地进行学习，以知识武装自己的内心。

随着时代的不断进步和社会的持续发展，人的需求层次会越来越高。渐渐地，自我实现的需求会成为社会的主流。随着知识和创意时代的到来，每个人都会产生更多个性化的需求，社会上的服务类型也会越来越多，进行精细化的划分。

例如，作为医生，要学会与病人进行深入的沟通，在此基础上还可以利用人工智能的优势，与人工智能团结协作，对病人进行准确的诊断和精准的治疗；作为教师，既然每个学生都是活生生且独具个性的人，那么我们就要因人制宜，给予学生个性化的教育和辅导。其实，不管从事哪个行业，面对哪个问题，都是没有标准答案可言的。同质化教育压抑了孩子们的想象力和好奇心，使孩子们不习惯于进行独立思考，但是，独立思考是非常重要的，批判性的思维和与众不同的分析评价能力，也是不可或缺的。所以，我们一定要坚持创新，因为创新能力是人类独有的优势，也要发展自身的核心竞争力，这样才能在与他人的竞争中屡战不败。

第五章
自我赋能，紧跟时代脚步成长

坚持深层次阅读，坚持思考

阅读可以分为浅层次阅读和深层次阅读。浅层次阅读，指的是走马观花，大概浏览，而不会进行深入的思考。深层次阅读，指的是精读深读，深入思考书本中的内容，牢固掌握书本中的知识，由此可以完善知识体系，增强逻辑思考的能力。浅层次阅读和深层次阅读各有优劣，在日常以提升认知为目的的读书过程中，我们应该坚持深层次阅读，也要坚持独立思考，这样才能用读书的方式拓宽眼界，增长见识，沉淀知识。

从阅读所用的时间来看，浅层次阅读使用的时间很短，深层次阅读使用的时间有可能是浅层次阅读的几倍之多。在阅读时，切勿因为贪多求快而囫囵吞枣。俗话说，"慢工出细活"，把这句话用在阅读上，也是非常合适的。

作为职场新人，亚米精明干练，做事情效率很高，再加上每天工作的内容都是有限的，所以她总能按时下班。中午吃饭之后，她还有时间去茶水间喝茶或者喝咖啡，与同事聊天。过了一阵这么惬意的生活，亚米意识到自己不能浪费生命的宝贵时光，因而利用午休时间关注了很多知识型的公众号，想要接下来利用工作之余的时间努力学习各种知识，以备将来跨界之需。

亚米关注的公众号干货满满，发布了很多不同领域的专业知识、日常生活中的有用常识等。自此之后，只要有时间，亚米就去公众号阅读和学习。有一天，亚米看到一篇特别好的长文，因而推荐给同事读。她等着同事读完，和同事深入探讨呢，不想，一个中午过去了，同事还没有读完。尽管亚米几次三番地催促同事，同事却慢条斯理，一点儿都不着急。整整一个半小时过去，同事终于读完了这篇文章，只可惜又开始上班了，亚米只好与同事约定次日中午进行读后交流。

亚米按捺住蠢蠢欲动的心，等到次日中午，她在茶水间里终于等来同事，迫不及待地说："哎呀，你读文章怎么那么慢。你知道吗，我读那篇文章只用了20分钟，你却用了90分钟，简直急死人了。"同事只是笑笑，就开始与亚米交流。在沟通中，同事说起文章中的一个细节，亚米一头雾水，压根不知道同事在说什么。同事看到亚米的样子，提起与那个细节相关的内容，亚米还是毫无印象。同事忍不住提醒亚米："亚米，你阅读速度的确很快，但是居然连这么重要的细节都没有看到，更没有留下深刻印象，可见阅读的质量不过关。你要知道，阅读不能只追求量，而是要在保质的前提下尽量读更多的书。反之，如果不能保质，即使读很多书也是没有收获的。"听了同事的话，亚米面红耳赤，着急地说："你等着，我再去认真看一遍，明天中午咱们继续讨论。"同事笑着提醒亚米："都看第二遍了，可别再犯粗心大意的毛病啊！"

显然，亚米阅读的质量堪忧。正如同事所说的，阅读要在保质的前提下追求量，而不要本末倒置。阅读速度过快，心灵跟不上眼睛，就无法针对内容进行思考，即使没有遗漏任何内容，也会出现过目就忘的情况。为了加深印象，我们在阅读的过程中不但要"眼到"，更要"心到"，还要积极地进行深度思考，才能针对相关内容提出疑问，解答疑问。

浅层次阅读浮于表面，人们获取它们的目的不是为了积累知识，而是进行休闲娱乐，或者是为了打发时间。对于娱乐八卦新闻，以浅层次阅读的方式浏览是可以的。对于那些有深度的文章，则一定要用心阅读，才能有所收获。坚持深层次阅读，不但能够完善知识体系，而且能够提升修养，提高逻辑思维的能力，还能够增进工作技能等。如果说浅层次阅读是在进行形式主义的走过场，那么深度阅读则是进行情感的洗礼。在深层次阅读的过程中，我们将会汲取文章中蕴含的情感和思想，感受文章独特的魅力，也领悟文章与众不同的艺术品位。正因如此，我们的想象力和创造力都会得到发展和提升。由此可见，浅层次阅读根本不能与深层次阅读相提并论。

在如今的数字化时代，面对一些没有深刻思想的娱乐新闻或者是热门文章，我们无须投入太多的时间和精力去阅读，那么可以采取浅层次阅读的方式。包括一些看似有很大趣味性的公众号文章，为了节省时间，也要浅层次阅读，因为这些文章都是为了吸引读者的眼球，获得流量，而缺少实质的价值。在决定以何种方式进行阅读之前，我们还要明确一点，即我们想要通过阅读获取的是知识，还是谈资。如果是为了获取知识，一定要坚持深层次阅读；如果只是为了有新的谈资，也可使用浅层次阅读。

需要深层次阅读的内容比较深奥难懂，在阅读相关书籍时，我们常常会感到难度很大，非常吃力。即便如此，也不要轻易放弃，因为只要继续坚持，恢复平静的心态，保持专注力，激发思维活跃性，我们就会越读越轻松。

现代社会中还有碎片化阅读，指的是利用零散的时间随机阅读一些短文。实际上，进行碎片化阅读必须掌握正确的方式方法，否则就会导致事与愿违。此外，还有干货式阅读，指的是阅读他人概括和总结出来的主要内容。这种阅读方式是投机取巧的，因为没有人能够只凭着一篇简短的文章就获得所有的信息，或者了解整个行业。从新人到专家，需要走过漫长的旅程，而阅读恰恰要伴随我们走过这一路。在这个世界上，从未有人能够一蹴而就获得成功，我们看到有些人一夜成名，是因为他们此前已经进行了长期的积累和坚持。既然如此，就再也不要试图用最短的时间和最便捷的方式阅读了，阅读原本就是一件需要耗费大量时间和精力，才能日积月累发生质变的事情。因而，也不要试图以阅读干货的方式一口吃成个胖子，只怕非但不能吃成胖子，还会消化不良。阅读，必须脚踏实地，用一定的时间才能获取相应的收获。

为了保证阅读的效果，我们首先要制订读书目录，其次要制订阅读计划，最后还要坚持完成读书笔记。停止浅层次阅读，在阅读的过程中坚持深度思考，以质疑精神提出问题，再去寻找问题的答案，我们就能在精神层面上前进一大步，也能推动人生不断地向前发展。

学以致用，能力超群

很多人都不明白学习的目的是什么，误以为学习就是为了积累和储备更多知识，就是为了掌握各种技能作为炫耀之用，就是为了让自己得到理想大学的一纸文凭。其实不然。学习真正且唯一的目的，在于学以致用。在现代社会中，一切能力超群的人都深刻地领悟了这个道理，所以他们不但在高中阶段坚持努力，考上了心仪的大学，而且在进入大学阶段之后继续不遗余力地学习，尤其是在走出校园、走上工作岗位之后，他们更是潜下心来，调取自己储备的各种知识解决问题，付诸实践。反之，如果知识只能作为储备，无法在需要的时候通过检索调取出来，那么知识就会失去生命力，也无法创造真正的价值。

也许有人感到疑惑：读书这么多年，学了这么多知识，我到底要如何运用呢？其实，很多基础知识的学习是为了帮助我们奠定人生的基石，是为了培养我们的思维方式和方法，而非真的可以用来解决问题。在一个领域中，我们只需要抓住20%的重点知识，就能解决80%的问题。正如人们常说的，擒贼先擒王，既然如此，我们也要抓住重点知识。

20%的知识是至关重要的，其中只有少部分知识与在大学里所学的知识相关，大部分知识是我们运用在大学里掌握的学习方法，通过自主阅读专业书籍掌握的。此外，不管是在学校里，还是在职场上，我们都可以请教专家，或者请教同学、同事。俗话说，三人行必有我师。只要勤奋好学，虚心进取，我们总能找到合适的人求教，也会得到对方的慷慨相助。

要想熟练地运用20%的知识解决问题，还要进行刻意练习。很多人是不折不扣的"理论家"，说起相关的理论，他们口若悬河，头头是道。然而，一旦面对具体的问题，他们就会头脑中一片空白，压根想不通自己所学的知识和正在面对的问题之间有何关系。这就是缺乏刻意练习导致的。刻意练习是一种系统化的训练，能够帮助我们提高综合能力，提升心理素质。

职场上，很多人都缺乏自信，尤其是当看到身边的同行者

第五章
自我赋能,紧跟时代脚步成长

都表现得特别突出和优秀时,更是会怀疑自己,不知道自己到底有多少分量。当这样的忐忑心理出现时,一定要快速提高自己,增强自信心,才能有所改变。

而那些已经掌握了很多知识,却不能把知识活学活用的人,则要有意识地进行练习。不可否认的是,只有极少数人能够把从外部世界得来的知识,转化为自己所拥有的内在思维方式。换言之,也就是把知识转化为能力,并且发挥能力解决问题。举个简单的例子就可以对知识、能力与解决问题之间的关系作一说明。例如,很多人都知道水在零度的环境中会结冰,这既是知识,也是常识。那么,如何把水变成冰则是能力。更进一步说,如何运用把水变成冰的能力发家致富,是解决问题。有人利用水在零度能结冰的原理,制造出各种口味的冷饮,在炎热的夏季热销,为自己赚取了很多金钱。有人明知道水能结冰,却不想亲身实践,更不想以这样的方式赚钱,因而只能继续过着穷困的生活。

只有充满智慧的人,才能运用知识解决难题。一个人如果从小到大在十几年的时间里始终坚持学习,学了很多知识,背诵了很多古诗词,掌握了数不清的知识点,却不能把这些如同一盘散沙一样的知识点串联起来加以运用,可以说他是死学。在他的知识储备库里,各种知识各自为政,互不相关,因而彼此之间毫无关联,所有知识也就无法合为一体。充满智慧的人不会任由各种知识各自为政,而是在持续学习的过程中不断地整合各种有所关联的知识,使它们变成知识的网络。只要触动其中的某个触发点,就能马上调动起相关联的各种知识,这样解决问题当然水到渠成。

我们在学习知识的过程中,随着学习进程的推进,一定要坚持复盘。我们一旦遗忘了一些知识,那么那些知识就会成为惰性知识,除了占据我们的大脑储存空间外,它们的存在毫无意义,更没有实际效用。当我们与时俱进地把新学习的知识转化为能力,并且进行深化和熟练,那么我们就无须再花费时间和精力进行记忆,也很难忘记。由此可见,内化知识的过程是非常重要的,不但帮助我们更牢固地记住了知识,也帮助我们全面提升了能力。

在这个信息泛滥的时代里,面对海量信息,我们一定要学会甄别有利信息和不利信息。在此过程中,还要坚持搜集整理,坚持进行深度加工的工作,这样的学习是更高效的。如果总是在遗忘与记忆中和自己较劲,和知识较劲,那么相当于是白白浪费了时间和精力,而很难产生良好的效果。要想让学习事半功倍,我们就要提高对知识的吸收效率,坚持内化知识,把知识转化为能力。具体来说,要做到以下几点。

第一点,把知识运用于合适的场景。这样,场景就会变成触发因素,帮助我们启动自动检索知识和运用知识的程序。

第二点，主动寻找或者创造适合使用知识的特定场景，形成有规律的工作流程。这样就能按部就班地做好每一件事情。第三点，勤于思考。记住，我们要坚持思考，思考是内化知识的最佳方式。

第六章 坚持自律,当机立断拒绝拖延

很多人都有拖延的坏习惯,不管做什么事情,他们都不会当即采取行动,非要到了最后的紧要关头,才仓促地开始行动。拖延,是生命的时间黑洞,将会吞噬生命历程中无数美好的时光。只有戒掉拖延,坚持自律,养成当机立断的好习惯,我们才能把握生命的节奏,绽放生命的精彩。

今日事，今日毕

人人都知道要养成好习惯，因为好习惯能够成就人生。然而，坏习惯很容易养成，好习惯却是很难养成的。这是因为坏习惯顺应人的本能和天性，纵容人变得更加懒惰，更加任性，更加自私，更加骄横；反之，好习惯则违背人的天性，让人克服本能，变得友善，变得慷慨，变得理性，变得克制。正因如此，养成坏习惯轻而易举，养成好习惯却千难万难。即便如此，我们也依然要坚定不移地养成好习惯。

在培养各种好习惯的过程中，很多人都会犯贪心不足和盲目求快的错误。好习惯固然是人生的助力，但是养成好习惯要因人而异，每个人更要坚持循序渐进的原则，量力而为，而切勿急功近利。唯有保持理性，尊重习惯养成的规律，才能如愿以偿地养成好习惯。

很多职场人士每天都有处理不完的工作，常常会把前一天的工作拖延到次日完成，而次日又有次日的工作。如此陷入恶性循环之中，导致积压的工作越来越多，最终到了无法收拾的程度。对绝大多数职场人士而言，一定要养成今日事，今日毕

第六章
坚持自律，当机立断拒绝拖延

的好习惯，这样才能坚持日日工作清零，让自己怀着轻松的心态投入工作之中。还有些人不是因为工作多才延误，而是因为每天在工作的过程中都会分心分神，三心二意，无形中就浪费了时间和精力。例如，有人一到办公室就会打开聊天软件和朋友先聊几句，说是问好，其实三言两语之后，时间已经过去了半个小时；有人一下班回到家里就瘫坐在沙发上，不想做任何家务，只想躺着，躺着躺着夜色深了，就连晚饭和洗澡也都省略了。看着乱得没处下脚的家，他们决定呼呼大睡，因为眼不见心不烦。日久天长，家再也没有家的样子，生活也因为凌乱的家变得茫无头绪。

查尔斯·都希格在著作中写道，人有至少40%的日常活动都是在习惯的驱使下完成的。大多数人之所以对此无知无觉，恰恰是因为习惯的魔力——如同呼吸一样使人毫无觉察。但是，哪怕毫无觉察，也并不意味着这些习惯是不存在的。当人意识到数不清的坏习惯束缚着自己的生活时，内心就会陷入焦虑的情绪中无法自拔，也会因此而感到紧张和厌烦。有些人下定决心改掉坏习惯，却收效甚微。他们形容坏习惯就像是狗皮膏药，虽然贴上去很容易，但是撕下来却很难。

那么，人们为何很难戒掉坏习惯呢？这是惯性在发挥着作用。原始人类生存在恶劣的自然环境中，因而认为没有变化就是最好的情况，所以他们从不愿意改变。长此以往，这种习惯得以延续下来，渗透在我们的心灵深处，使得养成好习惯面临着无比巨大的压力和阻力。尤其是对那些贪心的人而言，他们总是企图在最短的时间内一气呵成地养成很多好习惯，这就决定了他们必须花费数倍的力量，才能克服不良习惯的负面作用。在这种情况下，遭遇失败成为再正常不过的情况。

就在昨天，薇薇过完了26岁生日。回想起大学毕业时自己才22岁，转眼之间4年过去了，薇薇无比感慨。在这4年里，她一事无成，既没有在工作上取得进展，也没有提升和拓展自己，就连恋爱都没有谈过。如果一定要让她说说自己的收获，那么她只能说自己收获了二十斤赘肉，使自己从窈窕淑女迈入了微胖美女的行列。

正如很多成年女性一样，薇薇对过生日感到特别焦虑，觉得自己离失去青春又近了一步。她痛定思痛，下定决心要改变现状，为此就在生日的当晚，朋友们都散去了，周围一片寂静，她竟然鬼使神差地加入了好几个打卡群，有跑步打卡的，有减肥打卡的，有读书打卡的，还有户外运动打卡的。除此之外，她还透支信用卡为自己报名了商务英语培训班，又下单购买了几十本书。最疯狂的是，她还制订了无缝衔接的时间计划表，每分每秒该做什么，时间计划表中列举得清清楚楚。

前一天晚上，她还下定决心从次日清晨就早起跑步打卡，次日清晨她却依然躺在被窝里呼呼大睡。于是她索性告诉自己

第六章
坚持自律，当机立断拒绝拖延

马上就要过年了，不如等到过完年春暖花开的时候再跑步，毕竟在寒冷的冬日里早起需要极其强大的毅力，而她的毅力还在酝酿之中呢。这个退步让薇薇一溃千里，可想而知，接下来的一整天里，她没有完成任何前日计划，而是和所有此前的日子一样颓废迷惘，萎靡不振。趁着购买的书还没到，她索性把书退了；趁着商务英语还没开课，她也毫不迟疑地把课程退了。只是兴奋了一个晚上憧憬未来的生活，薇薇就选择回到原状，可以想象即使到了盛夏，她也不会改变自己的生活模式，现在只是以寒冬为借口而已。

俗话说，贪多嚼不烂。因为一时兴起制订的计划太多，薇薇最终连一个计划都没有执行，生活全面回到过生日之前的状态。对很多意识到自己需要养成好习惯的人而言，他们的所作所为和薇薇颇有几分相似，都是凭着一时冲动和一时兴起，就想要面面俱到地做好所有事情，最终却千里之堤毁于蚁穴，因为一个小小的转念就彻底放弃。

为了让习惯养成变得更容易，我们首先要戒掉贪心，也不要盲目求快。唯有认识到习惯的养成需要漫长的过程，我们才能从小处着手，坚持做到微小的改变，最终循序渐进地加大改变的力度，也坚持更长久的时间。越是处于极其糟糕的状态之中，越是觉得改变无从下手，我们越是要戒骄戒躁，脚踏实地。例如，面对一间乱糟糟的房子，我们不要奢望在

1小时之内就把房子收拾得干净整齐，而是可以先每次定时5分钟，让自己利用5分钟收拾房间。等到时间到了，就停下来去做其他事情。当然，如果想要继续，那么可以选择继续。对每个人而言，5分钟都是很短暂的，并不会给生活和工作带来干扰。但是，只要充分利用5分钟，改变就会真的发生，这一点是毋庸置疑的。当我们坚持一个又一个5分钟，我们就会为自己真实发生的改变感到欣喜，也会因此而获得动力继续坚持下去。

如果需要养成的习惯很多，那么我们要优先养成核心习惯，这是因为核心习惯将会推动我们养成其他的好习惯。例如，有些人不愿意坚持健康规律的饮食，每天晚上都要很晚入睡，早晨则昏昏沉沉不愿意醒来，导致醒来之后没有时间洗漱和吃早饭，就要匆匆忙忙赶往单位。为了改变一连串的坏习惯，可以先从早睡做起。这是因为只要坚持早睡，就能坚持早起，就有了时间洗漱和吃早饭；吃了早饭，就不会在不到中午的时候感到特别饥饿，从而避免了上午吃零食，保证了中午有胃口吃饭；由此一来，晚饭也会吃得很准时，杜绝了吃夜宵的情况。看吧，一个早睡的好习惯就能让很多事情发生连锁反应，产生改变。

此外，在养成习惯的过程中，我们还能提升自控力，练习自律，这样对于养成其他习惯也是大有裨益的。总之，先从一个习惯开始养成，当我们真的做到了，就会获得成就感，成就感也会推动我们继续做好，继续完善自我。

坚持锻炼，意志力会越来越强大

每个人的意志力并不是与生俱来的，这意味着我们可以通过锻炼的方式养成强大的意志力，让自己变得坚毅果敢，坚定无畏。很多减肥人士都有过惨痛的经验和教训，即在好不容易减肥成功之后，只要因为没有控制住自己而发生了复胖，再次减肥就会难上加难。同样的道理，抽烟者要想戒掉烟瘾，也必须以超强的自控力管好自己，在熬过最艰难的一段时光之后，才能彻底断掉抽烟的念头。即便如此，他们还是会受到很多诱惑，只要缺乏意志力，再次开始抽烟，他们在很短的时间内就会恢复原样，又变成老烟民。对于复吸的人而言，再次戒烟的难度大大增加，成功率大大降低。这究竟是为什么呢？要想了解其中的原因，我们就要从心理学的角度进行分析。

心理学家经过研究发现，意志力可以控制思维、情感、冲动和表现。和肌肉的运用原理相同，意志力的运用也要遵循"如何使用，如何消失"的法则。这意味着当我们在某个目标的激励下拼尽全力时，意志力会变得越来越强大；反之，当我们因为失去目标而变得懈怠时，意志力当即就会松懈下来，变得越来越软弱。在这种情况下，我们必须下更大的决心，付出更多的努力，才能为了相同的目标激发起意志力。毫无疑问，和第一次用这个目标激发意志力相比，我们面临着更多的挑战，实施的难度数倍增加。

古人云，一鼓作气，再而衰，三而竭。这句话的意思是说，在战场上，战鼓响起就要发起冲锋，否则等到战鼓第二次甚至第三次响起时，将士们的气势就已经衰竭了。在朝着目标奋进的过程中，第一次出发时人们的信心是最为饱满的。等到放下目标又再次拾起目标之后，人们的心理就会发生或微妙或显而易见的变化，认为自己很难获得成功，认定自己有很大的可能性失败。这颗失败的种子尽管是看不见摸不着的，却会影响我们的内心，使我们很难采取行动，还有可能陷入犹豫不决的状态之中，压根无法下定决心。这就决定了我们哪怕面对相同的目标，也必须运用更强大的意志力才能下定决心征服目标，在此过程中，我们需要消耗极大的心力抵抗负面情绪的影响。

在减肥的道路上，王娟无疑是资深人士，因为她曾经成功地减掉了20千克体重，现在却因为反弹，而不得不再次减肥。为此，训练营里的很多队友都请教王娟，询问她上次是如何一鼓作气减掉20千克的。当然，看到王娟反弹之后超过此前巅峰

第六章
坚持自律，当机立断拒绝拖延

体重的模样，他们也很好奇王娟现在的想法和心态。对此，王娟哭笑不得，既气自己没有保持住好不容易恢复的苗条身材，也怨丈夫每顿饭都要做那么多好吃的，对她形成了强大的诱惑。与此同时，她还很焦虑，因为她认定自己这次减肥还会失败，所以也就不像上次减肥那样壮志凌云、满腔热情了。

果不其然，这次减肥时王娟经常感到饿，无法控制住自己想吃东西的欲望。在第一次减肥的过程中，她总是想象自己瘦下来的模样，因而很容易坚持。但是，在这次减肥中，她脑海中不停地出现自己减肥成功之后复胖的悲惨命运，因而安慰自己"减下来还会胖，不如先满足口腹之欲"。就这样，王娟虽然偶有运动，但并没有管住嘴。进入减肥训练营三个月，她只是看起来灵活了一些，实际上体重几乎没有减少。有一次，教练恨铁不成钢地说："王娟啊王娟，这里对别人而言是减肥训练营，对你而言就是把你训练成一个灵活的胖子。"听了教练的话，王娟哭笑不得。后来，王娟决定从坚持跑步做起。她每天都按时跑步，每次都要跑到固定的千米数。每当感到饿的时候，每当想吃甜食，想喝奶茶的时候，她一想到自己气喘吁吁跑步有多么痛苦，就发挥意志力控制住食欲。又经过半年的努力，王娟终于减掉了15千克。这一次，她下定决心要不惜一切代价继续掉秤，保卫好减肥成果。

从王娟的经历中，我们不难看出在第一次坚持失败之后，第二次想要取得成果难上加难。然而，王娟最终还是借助跑步锻炼了强大的意志力，最终成功地控制住自己的口腹之欲，减掉了赘肉。一方面，坚持跑步让王娟的意志力越来越强大；另一方面，每当想吃高热量食物时，王娟就会想到跑步的痛苦，因而控制自己的食欲。可见，坚持自律，的确是提升意志力的绝佳方法。

需要注意的是，锻炼要讲究方式方法，坚持科学训练，而不要蛮干。以正确的方式方法坚持科学锻炼，能够增强意志力。反之，如果不讲究方式方法，过度消耗意志力，则反而会降低意志力，陷入身心俱疲的糟糕状态之中。对于意志力训练，有两个拦路虎：一个是"虚假希望综合征"，一个是"寄希望于未来"。必须先彻底消除这两个障碍，我们的意志力训练工程才能进展顺利。顾名思义，"虚假希望综合征"就是在下定决心要改变的时候，人们会感到内心轻松，仿佛已经取得了改变的成果，但是当想到自己还在原地踏步时，人们又会感到内心沉重，意识到改变是很难的。在这样截然不同的两种心态中，人们会犹豫纠结，迟疑不定，悲观失落。寄希望于将来，则是一种典型的拖延表现，把艰巨的任务交给未来，换取当下的轻松，其实如果当下无所作为，美好的未来绝不会如约而来。所以，哪怕只是给予自己承诺，也要及时兑现，而绝不可拖延。

人人都渴望留在舒适区，而不愿意置身于艰难的环境中。我们必须以刻意练习的方式帮助自己突破舒适区，培养自己的意志力，才能获得更为广阔的人生天地。取得小小的改变，产生成就感时，就是最危险的时候。越是此时，越是要保持强大的意志力，捍卫此前获得的成果，避免因为一时掉以轻心而功亏一篑。

保持内驱力，增强内驱力

通常情况下，只有那些拥有强大意志力和执行力的人，才能靠着内驱力坚持自我成长。为了成为这样的人，我们切勿无限度地消耗内驱力。俗话说，好钢用在刀刃上，只有学会保存和管理内驱力，并坚持把宝贵的内驱力用于实现目的，内驱力才能发挥最强大的作用，改变我们的人生。

现实生活中，极少数人会获得成功，头顶成功的光环，享受人们的仰视。相比之下，绝大部分人都是很普通也很平庸的，过着寻常的日子，按部就班地工作，对于生活既谈不上满意，也谈不上失望。这是为什么呢？心理学家研究发现，大多数人的天赋相差无几，之所以在一起走着走着就分道扬镳，就是因为每个人所拥有的内驱力不同。例如，遇到失败，拥有内驱力的人越挫越勇，绝不放弃；缺乏内驱力的人一蹶不振，一败涂地。

从心理学的角度来说，能力产生于内驱力，意志力也与内驱力息息相关。能力和意志力都属于心智资源，是很容易被消耗的，无法保持始终如一的状态。对此，很多人都没有正确的认知，更谈不上以正确的方式管理内驱力。正因如此，他们才会在消耗掉所有的内驱力之后，对于人生怀着悲观绝望的态度，不管多么努力都不能摆脱人生的庸碌，也不能改变人生的结局。

既然内驱力如此宝贵，那么，我们如何做才能保存内驱力呢？从心理学层面来说，内驱力产生于需求，是一种内部紧张状态，或者是一种内部唤醒状态。从本质上来说，内驱力就是人的内部动力，能够推动有机体活动，从而满足自身的需要。如果把内驱力比喻成一台机器，那么可以说内驱力的整个系统和机器的整个系统一样需要三个重要的组成部分，即根基、引擎和燃料。

人们内心的渴望就是根基，如果没有渴望，也就不会产生内驱力。正是因为产生了渴望，人们才会产生动力，同时为了满足自己的渴望而坚持某种行为。需要注意的是，渴望与欲望有着本质不同。例如，有人为了在大城市站稳脚跟而辛苦赚钱，目的是在大城市买房，安居乐业。那么，在大城市安居乐

第六章
坚持自律，当机立断拒绝拖延

业就是渴望，赚钱则是欲望。只有满足了赚钱的欲望，真正拥有金钱，人们才能实现渴望，即留在大城市安居乐业。在没有赚到足够多的钱之前，人们只能想方设法地赚钱，而不能每天都把安居乐业的梦想挂在嘴边。很少人以赚钱为乐，钱只是人类社会中的流通货币，能够帮助人们实现各种各样的梦想而已。正因如此，人们才说钱不是万能的，没有钱是万万不能的。

在内驱系统中，引擎指的是思维。只有形成良好的思维方式，人们才会拥有更大的人生格局，也才能开阔自己的眼界，增长自己的见识，最终意识到自己真正想要的是怎样的生活，因而采取行动，抓住各种机会，想方设法地解决困难。相比之下，那些引擎落后或者罢工的人，则思维闭塞，思想狭隘，他们害怕接受新鲜事物，从来不敢进行尝试，生怕遭遇失败，因而故步自封，墨守成规。即使终于下定决心开始行动，他们也缺乏自律力，没有坚决果断的气魄，最终只能维持三分钟热度，等到三分钟热度之后，就会选择放弃，无疾而终。可见，思维方式对每个人而言都是至关重要的，将会决定人们的行为，影响人们的未来。

说起燃料，你们第一时间会想到什么？当然是热爱。人们常说，兴趣是最好的老师，这是因为对于自己感兴趣的事情，每个人都会满怀热情。要想把热情转化为热爱，就要把仅停留于感官的兴趣转化为志趣。和兴趣相比，志趣还带有理想和志向的意味，所以志趣带给人们的热情和力量是更加持久的。正是因为心怀热爱，所以即使遭遇各种坎坷挫折，也绝不会轻易放弃；即使面对前所未有的困难，也绝不会动摇信念。热爱，是寒冬里的暖阳，是春天里的百花，是夏日里的凉风，是秋天里的硕果。面对一件事情，一个人哪怕已经具备了根基，也形成了良好的思维模式，但是如果没有热情支撑着他，那么他也是无法取得成功的。

很多人做事情都凭着一时兴起，很难长久地坚持下去，就是因为他们并非发自内心地想要某件事情，而是外界的压力迫使他们不得不去做。俗话说，强扭的瓜不甜，在这样的情况下，一旦失去外力的强迫，他们就很难坚持。反之，如果这股力量来自内心，那么就会更加持久，更加强大。最好的奋斗状态是发自内心地想做某件事情，而且痴迷于完成某件事情。否则，当懒惰的本能占据上风，我们要想坚持下去，就不得不以理智控制感情，以超我控制本我，在此过程中会消耗大量的内驱力，导致自我内耗的情况不可避免。为了避免这种情况出现，就要争取心甘情愿地去做某件事情，而不要总是强迫自己，更不要对自己提出苛刻的要求，以致激发自己的抗拒心理。

具体来说，要想拥有强大的内驱力，我们就要从以下三个方面做起。首先，要做自己真心热爱的事情，志趣会让我们

第六章
坚持自律，当机立断拒绝拖延

甘愿排除万难，努力坚持。其次，要形成成长型思维模式，这样才不会被处于变化中的外部环境影响，而能够及时地调整自身的状态，以自身的成长应对变化的外部世界，不管处于怎样的境遇中都坚持成长。最后，以深层次的渴望为目标，坚持拼搏进取。一定要明确深层次的渴望目标，这个目标是内驱力的源泉。每当因为坚持奋斗而感到疲惫时，就可以想一想自己的渴望，想一想自己的目标，马上又会燃起斗志，意气风发。当然，长期坚持奋斗和成长必然会感到疲惫，当发现自己身心俱疲或者自我内耗增大时，要及时休息，做自己喜欢的事情，从而隔绝外部压力。若第一时间就尝试以正确的方式修复情绪，我们就能恢复内驱力，让内驱力达到饱满的状态。此外，还可以适度奖励自己，例如，坚持减肥的人可以偶尔吃一次炸鸡或者是甜点，当作是对自己的奖励；坚持运动的人也可以奖励自己在下雨的早晨睡个懒觉。这都能帮助内驱力再次达到满格。如果真的感到压力特别大，还可以调整目标，把目标控制在合理的范围内，既不至于过低而无法起到激励的作用，也不至于过高而令人心生畏惧。只有难度适宜的目标，才能激励人们拼搏进取，最终实现目标。正是这样一步一步不懈进取，我们才能距离渴望的目标越来越近。

当下，就是行动的好时机

很多人之所以陷入拖延的怪圈，不是因为他们缺乏自信，也不是因为他们生性懒惰，而是因为他们杞人忧天，一直在做"过度准备"。所谓"过度准备"，指的是就是没有必要的准备。这样的准备会耗费时间和精力，也未必能够真的派上用场。为了戒掉拖延，一定要斩断"过度准备"的惯性，当即开始行动。

在任何情况下，此时此刻都是开始的最好机会。不要遗憾自己没有早一点开始，也不要等待还没到来的最佳时机。在现实生活中，很多人都缺乏自觉性，不能主动地向前一步，也不能主动地完成没有完成的事情。与其把很多事情都放在待办事项里，不如发挥主动性，把这些事情都变成已完成事项。人生的时光匆匆而过，与其一直在准备，一直在等待永远不可能到来的最佳时机，一直都停留在原地止步不前，不如现在就行动起来，向前一步，再向前一步，给予自己更大的发展空间，并全力以赴抓住各种机会寻求自我成长。

很多人都想等到万事俱备的时候再开始行动，虽然在开始做某件事情之前做好准备是正确的选择，但是过度准备却会使人贻误最佳时机，并陷入拖延的困境中。在很多情况下，我们都不可能做好完全的准备，再加上事情本身也处于不断的发

第六章
坚持自律，当机立断拒绝拖延

展之中，也会出现各种突发状况，所以在力所能及地做好相关准备之后，我们就该开始行动了。当长期处于准备而不行动的停滞状态，我们就会出现思维僵化的情况，也会无形中放大自己所面对的困难。其实，哪怕一件事情真的很难，只要我们马上行动，随着时间的流逝和事情的进展，一切就都会变得容易起来。

现实中，相当一部分人并不是被那些难度很大的事情困住。他们即使面对微不足道的小事，也会无限拖延，使事情始终悬而未解。究其原因，阻碍他们的不是各种客观原因，而是他们心存侥幸心理，或者有着本能的惰性，因而想方设法地推脱责任，不愿意当即解决问题。在还没有开始行动时，他们就为自己设置了重重心理阻碍，和行动相比，克服这些心理阻碍是更加困难的。当陷入无休止的等待中，人们内心的热情与渴望就会渐渐地耗尽。从某种意义上说，等待也是需要成本的，绝非无所作为就能轻松达成目标。事实是，不管做什么事情都需要付出时间成本，大多数人因为时间看不见摸不到，所以不知不觉间忽视了时间成本。无数事实告诉我们，唯有拥有时间，我们才能做想做的事情，才能完成一直以来的梦想。

在你翘首以盼好机会的时候，那些积极行动的人很有可能已经抢占了先机，以实际行动积累了经验，也以抢先一步的勇气占据了优势。换言之，如果我们所谓的准备和等待就是守株待兔，那么即使有朝一日机会真的出现，我们也无法抓住机会，因为只有做好准备的人才能随时抓住机会。鉴于以上的各种情况，我们与其等待，不如当即开始行动。不要被制订计划之后虚假的满足感所迷惑，只有针对计划按部就班地开始行动，并在行动的过程中发现各种问题，我们才能活在当下，把握当下。

在坚持这么做的同时，我们要坚持一个原则，即当即处理各种小事。哪怕是很小的事情，如果大量积压，也会导致无法处理的情况发生。所以第一时间处理各种事情，是避免事情堆积如山的关键。哪怕面对一些困难，也不能停下前进的脚步，更不能畏难而退。对于那些只需要花费极少的时间和精力就能解决的事情，以各种理由拖延，只会导致心理压力越来越大。如果事情的难度真的很大，那么就要针对具体的问题，采取有效的措施，逐步解决。例如，很多人写文章都不知道该如何写开头，就被开头挡住思路，停止动笔。其实，写开头并没有那么难，即使一时之间无法写出让自己满意的开头，也可以先写出一个较为粗糙的开头，然后在写作的过程中进行修改和润色。说不定写到一定字数的时候就会产生灵感，从而一气呵成，完成文章呢。

当手里囤积着很多工作时，可以对不同性质的工作进行分类，也可以把不同的工作进行分层，再统一完成相同层次的工作。总之，处理工作的方法应该是灵活多样的，无须拘泥于某一种方法，而是要根据实际情况机智应对。对文字工作者或者艺术工作者而言，要做好随时随地捕捉和记录灵感的准备。在爆发出灵感的第一时间，就拿起笔来将其记录下来。很多时候，我们看似对迸发的灵感印象深刻，其实随着时间的流逝一定会忘记，或者印象变得浅淡。众所周知，灵感是可遇而不可求的，当灵光乍现时，我们唯一需要做的就是锁定灵感。总而言之，工作不分时间，只有全力以赴做好准备工作，并把握当下最好的时机，我们才能在工作上有更加出色的表现。

训练解决问题的能力

解决问题的能力，是最重要的工作技能之一。每当遇到问题时，如果我们不能在第一时间想出办法，卓有成效地解决问题，那么则意味着我们缺乏职业素养，也缺乏随机应变的能力。在工作的过程中，每当看到别人轻轻松松就解决了问题，我们难免会生出不以为意的想法，认为自己并不比对方差，一定也能和对方一样轻松地解决问题。然而，理想是丰满的，现实是骨感的，残酷的现实还常常会狠狠地打脸，使我们意识到自己并不像想象中那么优秀和出类拔萃。

从本质上来说，人生就是不断地面对问题和解决问题的过程。遗憾的是，人生虽然本质如此，但是绝大多数人都缺乏解决问题的能力，也没有形成解决问题的思维。面对难题，很多人都会刻意逃避，也会刻意拖延。在延误最佳时机之后，很多原本简单的问题变得复杂，很多原本可以圆满解决的问题遗憾收场。那么，我们为何会欠缺解决问题的能力与思维呢？就是因为我们无法区分问题和现象的本质。很多人只能从表面看待问题，而有的人却有火眼金睛，能够透过现象看本质，找到问题的根源和症结所在。所以我们要形成洞悉问题的思维，入木三分地分析，一针见血地解读。

有一家公司，离职率越来越高，作为人力资源主管的刘斌认为薪资待遇低是员工选择离职的主要原因。尤其是在新换了CEO之后，福利待遇未见涨，但是工作要求却越来越高。这使大家都认为付出与收获不成正比，因而怨声载道。为此，针对离职率节节攀升的情况，刘斌主张提高薪资待遇。

为此，刘斌把这件事情汇报给上级，上级也认为刘斌分析得的确有道理，因而采纳了刘斌的建议。让他们倍感惊讶的是，即使提升了薪资待遇，离职率还是居高不下。

在很多公司里，离职率高都是大难题。作为人力资源主管，必然要面对这个问题，也要解决这个问题。那么，只是从表面看待这个问题是远远不够的，最重要的在于抽丝剥茧，

第六章
坚持自律，当机立断拒绝拖延

透过现象看到本质，才能查找到问题真正的源头，也才能彻底从根源上解决问题。员工离职率高，有可能是因为公司内部原因，如管理层变动，福利待遇调整等，有些公司没有企业文化，也会导致员工缺乏凝聚力，不够齐心；也有可能是外部大环境的变化导致的，如行业格局变动，使大家对于行业发展缺乏信心，或者有了更好的就业选择，因而奔向更好的前程等。

要想切实有效地解决问题，我们就要分三步走。第一步，要有预见能力。第二步，要有决策能力。第三步，要有执行能力。只有预见到问题的发生，以及有可能出现的结果，才能未雨绸缪，为解决问题做好充分的准备；面对各种复杂的情况，仅仅预见是远远不够的，还要能够分析形势，做出决策；在制订切实可行的计划，做出决策后，接下来就要致力于展开行动，解决问题。如此一来，就从前瞻性到决策力，再到执行力，全程解决问题。

那么，如何才能具备这至关重要的三种能力，顺利地完成三个步骤呢？可以肯定的是，现实中的问题会出现各种情况，而且会有不可预期的各种变化。与其被动地解决问题，被问题牵着鼻子走，不如主动地提升自身的分析能力和决策能力，这样就能以不变应万变。精明强干的职场人应该学会演绎推理法，这样就能搜集蛛丝马迹，再综合各种信息，做到准确判断和推理。此外，还要学会举一反三。仅从表面看来，很多问题的确各不相同，但如果能够洞悉问题的本质，我们就会发现这些问题在本质上是互通的。只要学会迁移，把解决相关问题的方法套用到目前面对的问题上，把运用于其他领域的道理和原则运用于当下的领域中，很多难题就能迎刃而解。

总之，只有在解决问题的过程中随机应变，灵活应对，我们才能积累更多的经验，让自己变得越来越强大。每当面对新问题时，我们固然不能墨守成规，套用此前的经验和方法，却可以把新问题与老问题联系起来，从老问题的解决方案中获得灵感。在日常生活中学习新知识和新技能时，我们也要保持发散性思维，在学习之初就要想到这些知识和技能可以运用在哪些方面。需要注意的是，有些解决之道是具有普遍性的，适用于很多问题；有些解决之道是针对特殊问题的，不能由点及面，也不能广泛推广。

在面对棘手的难题时，如果一时之间想不到合理的解决方案，那么就可以在不同的方案中权衡利弊，采取折中的方法暂时控制问题的发展，缓解危急的情势。折中方案尽管不是最优方案，却能整合不同方案的优点。例如，在一家公司里，两个中层管理者都提出了团建活动的方案，而且各抒己见，认为自己的方案是最合理的，应该被采用。因为他们谁也说服不了谁，导致团建活动再三延期，也使同事们都感到很不满意。最终，上司决定采取折中方案，这样才及时地解决了问题，也让

第六章
坚持自律，当机立断拒绝拖延

同事们都享受了愉快的假期。

其实，有些问题是因为某个目标或者某个条件导致的。遇到这样的情况，可以采取替代方案，或者改变目标、条件。例如，我们原本计划去电影院看电影，却没想到台风来袭，不能按照约定去看电影了。这个情况下，如何度过愉快的夜晚呢？那么，可以留在家里，享用美味的晚餐，还可以打开电视或者电脑看电影。如今，很多网站都有电视投屏的功能，看电影的视听效果也是非常好的。再如，原计划要出门跑步，清晨起床却发现外面下起了浓雾，在浓雾中跑步既不利于身体健康，也有安全隐患。那么，不妨去家附近的健身房跑步，或者回家使用跑步机跑步。就算没有跑步机，也可以在家里进行原地踏步运动，或者原地高抬腿运动，也能起到舒展筋骨、消耗能量的作用。

总之，没有什么事情是一成不变的。有的时候，哪怕只是一个小因素的变化，也可以导致全局发生改变。面对这样的情况，一定要及时解决问题，切勿等到问题持续发酵之后再试图亡羊补牢，这就为时晚矣了。在职场中，要想赢得上司的认可与赏识，要想赢得下属的尊重与拥护，我们就一定要培养自己解决问题的能力，以此证明自己存在的价值和意义。当所有人都觉得一个人不可或缺，那么足以说明这个人的重要性。从现在开始，就着手训练自己解决问题的能力吧，相信你一定不会让自己感到失望!

害怕犯错才是最可怕的

新生命从呱呱坠地开始，便踏上了成长的道路，也开始了犯错的历程。很多父母都能包容孩子的错误，尤其是在孩子小时候，父母越看孩子越喜欢，甚至觉得孩子就连犯错也是可爱的。但是，随着孩子渐渐长大，离开父母的身边进入学校，进入社会，他们开始更频繁地与家人以外的人相处，在此过程中，孩子们的生活越来越精彩，犯错的概率也大大提升。在长大成人之后，每个人都无法继续躲藏在父母的羽翼之下生活，而是要靠着自己去闯荡出人生的一片天地。可想而知，每个人的成长都伴随着犯错，换言之，如果不犯错，孩子就不可能真正成长。在很多家庭里，父母把孩子照顾得无微不至，恨不得给孩子安排好一切，也心甘情愿地代替孩子做好一切，为此孩子如同温室里的花朵一样经不起风吹雨打，变得无比孱弱。这就是不犯错的结果。错误正如人生中的一次次磨难，只有不断地犯错，我们才能明确很多事情的界限，也才能明确自己应该怎么做，或者如何才能做得更好。

一个人如果害怕犯错，就会束手束脚，做任何事情都紧张担忧，人生也会因此而止步不前。真正的成长，就是在犯错误的过程中坚持自我反省，自我修正，坚持承担起属于自己的责任，踩着错误的阶梯努力向上攀登。唯有从错误中汲取经验和教训，我们才能成为强者，与命运抗衡。遗憾的是，大多数人都不敢犯错，这是因为他们从小接受的教育要求他们不能犯错。为此，他们深深地害怕自己犯任何错误，也很担心自己会因为犯错被否定，被打击，被拒绝。当因为害怕犯错而迟迟不愿意采取行动时，大多数人都会陷入错误的思维逻辑中，即每个人在做事情的过程中都能体现出自身的能力，同时证明自己存在的价值和意义，因而自我表现等同于能力，而能力就代表了自我价值。看起来这是可以自圆其说的，但是，很多人内心害怕自己无法通过做某些事情证明能力和自我价值，于是为了避免自己竭尽全力依然不能获得想要的结果，为了消除自己内心深处的恐惧，很多人索性选择无所作为，或者把应做之事一拖再拖。这就相当于一个赛车手因为害怕在比赛中失利，因而选择彻底放弃比赛。对那些重度拖延症患者而言，他们尽管伪装出一副对任何事情都毫不在意、漫不经心的模样，假装自己是在故意拖延，却不能掩饰他们内心深处的恐惧和慌乱。在这个世界上，每个人都渴望获得成功，有些人因此而拼尽全力，有些人却因此而心怀恐惧。前者会想方设法地接近成功的目标，后者却会压抑自己对成功的欲望，甚至故意宣称自己压根不在乎成功。在拖延的状态下，即使结果不那么令人满意，他们也可以以此为借口，认为自己之所以没有证明实力，不是因为能力不足，而是因为在工作的时候三心二意，并没有全心投入。对他们而言，似乎躲在懒惰拖延的名头后面，远胜于直面自己因为能力不足导致失败的事实。当侥幸拿着拖延到最后一刻才完成的工作去交差时，他们又会沾沾自喜，认为自己的能力还是很出色的，所以才能以敷衍了事的态度蒙混过关。他们安慰自己：看吧，我敷衍了事都能过关，要是全力以赴，一定会让所有人都刮目相看。他们因此误以为自己具有无穷无尽的潜能，等到有朝一日端正态度认真严谨起来，就能取得令所有人都备感震惊的结果。殊不知，他们正是因为产生了这样的思维，才会限制自身的成长。不过，只要确认了自身的恐惧，很多人就会马上改变拖延的状态，当即全力以赴地投入其中。这就意味着，要想改掉拖延的坏习惯，最重要的是直面恐惧。这也是不再害怕犯错的根治之道。

为了消除内心的恐惧，我们要坚持做好以下几点。

第一点，想清楚究竟是什么东西让我们感到害怕。有些人是对过去的失败经历感到害怕，有些人是对未来的未知感到害怕，有些人是因为内心胆小怯懦而恐惧，有些人是因为没有经历过才害怕。为了直面害怕，不妨把自己害怕的所有事情都写在纸上，最终就会发现对于过往的经验和教训，只要深入分

第六章
坚持自律，当机立断拒绝拖延

析，及时改正做法，就能避免糟糕的结果，恐惧也就会烟消云散了。

第二点，正确面对他人的批评。俗话说，良药苦口利于病，忠言逆耳利于行。人人都喜欢听甜言蜜语，而不喜欢听逆耳的忠言。人人都会犯错误，这也就意味着人人都有可能被批评。面对他人的批评，切勿怀着抵触和抗拒心理，而是要冷静地分析和对待，分辨出他人的批评是中肯的，还是夸张的，是恶意的，还是善意的。现代社会中，很多人都奉行"事不关己，高高挂起"的处事原则。只有那些真心为我们好的人，才会言辞恳切地为我们指出错误，也才会批评我们做得不好的地方。对于这些人的逆耳忠言，我们一定要敞开心扉，真诚地接纳。当然，每个人看待和分析问题的角度不同，这就决定了他人的批评对我们而言未必是合理的，一旦出现这样的情况，切勿当即反驳或者否定对方，而是要秉承"有则改之，无则加勉"的原则，坚持进行自我反省和自我完善。

第三点，改正错误要及时。对于改正错误，很多人依然拖延，不想改变自己固有的言行举止，或者以自己已经形成了习惯为由推脱责任。心理学领域有个名词，叫作沉没成本，意思是说人们如果墨守成规，固执地继续犯错，而不愿意积极地改正，那么就会导致为错误付出的代价越来越大。为了避免沉没成本持续增加，一旦意识到自己所犯的错误，或者认可他人为自己指出的错误,我们就要第一时间改正。记住,犯错不可怕,可怕的是执迷不悟。古今中外,那些伟大杰出的人物都不是十全十美的。他们同样是在犯错误的过程中成长起来的,他们视错误为进步的阶梯,也视改正错误为自我成长的最佳契机。

第七章 清除障碍,坚持终身成长,实现人生逆袭

在成长的道路上,人人都会遇到各种障碍,这些障碍会阻碍自身的成长。为了坚持成长,为了获得想要的结果,我们就要全力以赴地清除成长的障碍。现代社会中,很多人都奉行终身成长的理念,以期实现人生的逆袭。

任何成功，都离不开长期投入

不管做什么事情，都不可能一蹴而就获得成功。哪怕做一件看似很简单很容易的小事，也需要付出持久的努力，或者以此前积累的人生资本厚积薄发。为了养成持久努力的好习惯，我们要学会延迟满足。所谓延迟满足，就是为了追求长久的幸福与满足，坚持长期投入，而不是急功近利地追求暂时的舒适与安逸。心理学家在进行延迟满足的实验时，发现那些能够克制短期欲望的孩子，在成长过程中的表现更为出色；反之，那些不能牺牲当下满足的孩子，则缺乏耐心，长大后也更难取得成就。

现实生活中，很多事情都会刺激人，使人分泌出多巴胺，多巴胺能够使人感到快乐。例如，很多人喜欢喝汽水，吃薯片，他们会感到很快乐；很多人喜欢喝酒，用酒精麻痹自己，甚至喝得酩酊大醉，记忆断片；很多人喜欢吃甜食，不是吃各种小糕点，就是吃各种奶油蛋糕和糖果，仿佛他们的满足感与糖分的摄入是密切相关的；很多人喜欢逛街购物，花钱使他们感到快乐和满足；很多人喜欢吃超辣超麻的火锅，甚至眼泪都

第七章
清除障碍，坚持终身成长，实现人生逆袭

辣出来了，依然停不下嘴……

　　心理学家经过研究发现，追求快感和满足是人的本能之一，也可以说是人类代代相传的基因密码。然而，这种强烈的刺激感只能维持极其短暂的时间，很快，人就会恢复理智和冷静。有时，人会为自己在本能驱使下做出的事情而感到懊悔，甚至因此陷入无尽的痛苦和空虚之中。但是，不要认为人足以与本能抗衡。事实证明，在悔恨空虚的感觉消散之后，很多人又会追求快感，这就是快感成瘾的现象。哪怕明知道所谓快感只是多巴胺的作用，而且预料到自己再次获得快乐和满足之后又会后悔，也是无济于事的。从某种意义上来说，人是目光短浅的，因而哪怕面前摆放着一份长期快乐与一份短期快乐作为选项，相当一部分人也会怀着今朝有酒今朝醉的想法，毫不迟疑地选择短期快乐。

　　当今社会，人们除了有食欲、情欲之外，还有购物欲，随着网络的普及，很多人对网络的欲望也越来越强。互联网的诱惑具有强大的力量，令人难以对抗。从本质上来说，短期的快感是感官刺激。例如，网络根据浏览痕迹，投其所好地推送我们感兴趣的信息，使我们一旦拿起手机就会情不自禁地沉迷于其中，不知不觉间就消耗了大量时间。此外，网络上还有各种人性化的软件和应用程序，使我们本能地想要点开这些软件和应用程序，也心甘情愿地被它们"奴役"。这就是典型的网络

回音壁现象。

例如，在一个网站上搜索过某个关键词之后，你会发现当再次打开网页，与那个关键词相关的内容就会呈现在你的眼前；在购物网站上随意地浏览一些商品信息后，你会发现网站会自动给你推送你所"关注"的商品。更糟糕的是，你无意识状态下的浏览，暴露了你最真实的需求，使你忍不住想要买点儿什么。还有很多人喜欢看短视频打发时间，那么在点开几条短视频之后，此后呈现在你眼前的就都是你所感兴趣的短视频，你常常感慨于网站的贴心，却在不知不觉间浪费了大量时间观看短视频。在如今的网络时代中，互联网回音壁的现象越来越明显，它体现了我们的喜好，也暴露了我们的内心，还会使我们在网络世界里留下蛛丝马迹。这些蛛丝马迹最终会被网络反弹回来，以更为具体的方式充斥在我们的生活中，甚至在我们没有觉察的情况下，控制我们的生活。

即便现实如此令人惊叹，依然有很多人被网络以回音壁的方式牢牢控制住。对大多数人而言，他们虽然能够以极其廉价的方式获取这些信息、软件或者应用程序，但是却付出了最为宝贵的时间，也在沉迷于各种无关信息和视频的过程中，渐渐消磨了自己的意志力。有些年轻的职场人士每天一边工作，一边忍不住想要打开手机看一看，或者是玩一会儿手机游戏，这使得他们对待工作三心二意，压根无法保证工作的效率和效果。即使到了下班之后，他们也不想进行任何社交，而只想赶紧回到家里，捧着手机玩个不停。

为了避免追求快感的陷阱，我们一定要改变自我，侧重于去做那些通过持久的努力有益于将来的事情，而不要为了获得暂时的快乐与满足，就去做那些只能够得到感官刺激的事情。时间是组成生命的材料，浪费时间就等于浪费生命。试想一下，当有一天我们即将离开人世时，我们是否会后悔把人生中大把大把的时间都给了手机，而没有争分夺秒地学习和工作，更没有放下手机全身心投入地陪伴家人呢？除了面对手机屏幕，生活中还有很多有趣味、有价值和有意义的事情等着我们去做。例如，读书、学习、户外运动、人际交往、唱歌、画画等。不管做什么事情，都会让我们有所收获，不觉空虚。长期坚持做好某件事情，我们才能提升人生的层次，成就更优秀和杰出的自己。

那么，怎样才能不再沉迷于追求暂时的快乐与满足呢？需要注意的是，必须讲究方式方法，还要遵循循序渐进的原则，否则简单粗暴地强行制止，会使意志力薄弱的人最终彻底放弃自我控制。正确的做法是节制欲望，既不苛责自己清除所有的欲望，也不放纵自己满足所有的欲望。只有做到松紧适度，才能达到预期的效果。具体来说，为自己制订长期目标，再将其分解为可实现的短期目标。每当实现一个短期目标，就要给予自己一定的奖励，例如，给自己放假一天，或者送一份小礼物给自己，还可以去享受一顿美味的大餐。再如，长期目标是写一本长篇小说，那么今天上午写出5000字的工作量并不算多，只要认真去做，是完全没有问题的。完成了额定任务就可以休息，这一点无可厚非。

需要注意的是，这里所说的奖励是以全神贯注、保质保量完成任务为前提的。例如，面对上午要完成的报告，如果一会儿看看购物网站，一会儿刷刷视频，那么很可能不知不觉间整个上午过去了，但是工作还没有完成十分之一。在这种情况下，奖励自己当然是不合时宜的，不仅如此，还应该受到惩罚。如果我们每天在工作时间段内都能做到心无旁骛、专心专注，那么只要长期坚持下去，我们工作的效率一定会很高，而且也会获得成就。

除了要奖惩分明之外，还要适当放缓速度。例如，有些人减肥时恨不得接连三天不吃饭，只为了在第一时间减掉多余的脂肪。这种做法是极其不可取的。减肥要遵循循序渐进的原则，切勿急于求成。想要控制自己摄入食物的量，可以改掉狼吞虎咽的坏习惯，改成小口小口细嚼慢咽。很多人之所以肥胖，与进食习惯有密切关系，快速进食会使人在短时间内就摄入超量食物。此外，缓慢地摄入食物，还能降低食欲。有人只需要几分钟时间就能吃掉一整盒薯片，其实如果能改成花费几分钟时间慢慢吃一片薯片,那么就会发现吃薯片并不如预想的那样使人感到快乐。坚持以这样的慢速吃薯片,我们很有可能从几分钟吃完一盒薯片到几天吃完一盒薯片,在此过程中降低吃零食的欲望。

如今,很多青少年甚至年轻人都网络成瘾,为了降低网络的诱惑,一定要知道能够替代网络的东西,从而转移对网络的兴趣。例如,用心思考自己什么时候不愿意看手机,不愿意上网,那么不妨多多做那件事情。如果和朋友一起出去玩能帮助我们抵御手机和网络的诱惑,那么不妨利用业余时间远足、郊游或者露营、野炊等。除此之外,还可以培养阅读兴趣,养成读书的好习惯;培养运动兴趣,养成坚持健身的好习惯。人生并非只有眼前的快乐,也应该有更多的美好和鲜活。当终于能够延迟满足,我们就会拥有平静的心态,也会习惯于理智地思考很多问题。不管是面对学习还是工作,专注与从容都是更好的状态,也是更理想的状态。从现在开始,不管距离想要抵达的目标多么遥远,我们都要持之以恒,不懈努力!

既要创新,也要脚踏实地

社会已经进入了高速发展的状态,作为个体,必须与时俱进，跟紧社会的节奏，而不能安于现状。否则，就会被时代远远地甩下，甚至会被时代彻底淘汰。在职场上，大多数人都有很强烈的危机意识，明确意识到自己必须保持成长的状态，坚持学习和进步，才能适应当代社会。与他们恰恰相反，有些人则固执己见，不愿意学习，又抗拒进步，只想着一如既往地从事基础性工作。当工作岗位对他们提出一些具有挑战性的要求时，他们当即就会抱怨，还会逃避。在社会的基层工作岗位上有很多这样的人，说得好听些，他们是数十年如一日地工作；说得不好听些，他们对待工作麻木冷漠，没有热情与激情，以当一天和尚撞一天钟的心态敷衍工作。长此以往，他们产生了强烈的畏难情绪，只想安于现状，而不愿意接受一丝丝变化。对他们而言，时间仿佛停滞了，因为他们每天都重复着相同的工作，过着相同的日子。每当发现问题就横亘在眼前时，他们不是逃避，就是放弃，这是因为他们已经完全屈服于本能的惰性和后天养成的惯性了。这样的人生如同一汪死水，没有任何波澜，更不可能有惊涛骇浪。

然而，整个世界都处于日新月异的变化之中，未来尽管充满着未知，使人感到害怕和恐惧，却也有无限的可能性，让我们有更为辽阔的空间去创造属于自己的人生。既然如此，我们就应该萌生出新的想法，甚至勇敢地放弃现有的生活，投身于充满新鲜感的生活之中。毫无疑问的是，置身于变化之中，没有人能够保证自己的未来一定会比现在更好，也没有人能够保证自己会尽快适应全新的环境，创造出更美好的生活。很多人都被未知的恐惧吓倒了，他们止步不前，犹豫迟疑。对于人生，他们还缺乏规划，没有明确的目标。越是如此，越是容易陷入迷惘的状态中，仿佛人生正在迷雾中穿行，没有方向。

我们一定要为人生制订明确的规划，而不要得过且过地蒙混度日。曾经有心理学家在一所世界著名大学里进行了调查，询问那些即将毕业的大学生们对于人生的规划。他得到了很多答案，并且对参与调查的大学生进行了跟踪采访。十几年后，他惊讶地发现，和那些对于未来缺乏计划的大学生相比，那些对于未来有明确规划的大学生显然取得了更好的发展。他们之中的大多数人都成为了行业内的中坚力量，少部分人则成了行业翘楚。反之，那些没有目标的大学生则很平庸，虽然有着稳定的工作，有着滋润的生活，却毫无出彩之处。其中，还有极少数人生活在社会底层，一事无成，生活无着。

基于这一点，作为年轻人，我们早在进入职场之前就要明确规划职业生涯。有了规划，就有了目标；有了目标，就能明确方向。在有了目标和规划之后，我们还需要认真地贯彻执行，把美好的规划变成现实。记住，切勿拖延。人生如同白驹过隙，宝贵的时光总是过得飞快。如果把生命中的大部分时光都用来反复思考，无休止地修改和完善计划，那么就没有时间把计划变成现实了。也不要被恐惧焦虑的情绪捆绑和束缚，任何人都不可能做到万无一失，我们当然也不能苛求自己必须保证百分之百成功。和成功拥有百分之五十的概率一样，失败也拥有百分之五十的概率，所以我们要允许失败出现在生命中。

与其在迟疑不定的状态中白白浪费生命的时光，不如当机立断，采取行动。有的时候，身边人的不同意见也会让我们动摇，我们固然要采纳他人的合理建议，却也要坚定不移做自己想做的事情和喜欢做的事情。任何时候，都不应该安于现状，更不要屈从于现实。在这个飞速发展的时代里，没有任何人能够岁月静好，所谓的岁月静好只是一厢情愿而已。在时代飞速发展的大背景下，人生如同逆水行舟，不进则退。要想保持稳定的状态，就要保持进步的姿态，真正静止的人生状态是根本不存在的。很多人都存在"现状偏好"，这其实是一种认知偏差，将会影响人们的选择。

对职场人士而言，安于现状是极其危险的，这是因为职场如同战场，我们的身边不断出现新的战友和新的敌人，只有保持强势进取的势头，才能保证自己不被激烈的竞争淘汰。此外，在知识经济时代，市场环境每时每刻都处于变化之中，而并非一成不变的。这就意味着冒险成为常态，而停滞不前则成为最大的风险。

当今社会竞争越来越激烈，一味地求稳成为最大的冒险，我们只有积极地改变，并做好准备迎接改变，才能获得进步，获得成长。改变，最重要的在于改变思维模式。有些人的思维模式是固化的，因而他们拒绝改变，墨守成规；有些人的思维模式是成长型的，因而他们坚持学习和进取，以全新的自己迎接美好的未来。记住，只有那些真正勇于改变的人，才能攀登人生的巅峰！

不抱怨，才能心甘情愿付出

人在职场，谁还没点儿怨言呢？有怨言是正常现象，但是，如果始终陷入抱怨的负面情绪之中无法自拔，无所顾忌地以抱怨的方式发泄内心的愤懑不平，那么我们非但不能改变现状，反而会因此陷入更加糟糕的境遇中，甚至有可能失去工作。毫无疑问，在各种处理问题的方式中，绝没有抱怨这一项。对绝大多数人而言，抱怨除了能够发泄负面情绪之外，不会起到任何积极的作用。

很多人只想找到一份钱多、事少、福利高的工作，殊不知，这样的工作只应天上有。在现实的职场上，小到基层员工，大到老板，全都需要辛苦工作。职位越高，需要操心的事情越多，烦恼也就水涨船高。有些人能力有限，从事最基层的工作，那么就要安分守己地做好分内之事，哪怕每天都要重复简单的工作，也要尽心尽力，尽职尽责。既然每一份工作都不轻松，都要用心付出，那么我们就要改掉抱怨的坏习惯。尤其是在工作中遇到突发情况，或者遭遇突然变故时，更是要全力以赴去解决问题。

在职场上，有些人数十年如一日地默默工作，在工作上没有建树，也许是因为他们自身能力的限制，也许是因为他们没有调整心态应对工作。很多人误以为工作是为了老板，因而当一天和尚撞一天钟，对待工作敷衍了事。他们唯一的目标就是完成分内之事，而不愿意多做任何工作，更不愿意付出哪怕多一分努力。与他们恰恰相反，有些职场人很清楚工作可以证明自己的价值，创造人生的意义，为此他们把工作当成事业去完成，就是遇到很多的困难和障碍，也绝不抱怨，更不会轻易放弃。他们浑身都充满了正能量，不但在工作过程中表现出色，而且赢得了上司的认可和赏识。正因如此，他们才能创造各种机会，在职场上获得晋升，也为自己争取到更大的舞台。

不抱怨，才能拥有好运气；不抱怨，才能心甘情愿地付出，无怨无悔地坚持。某招聘网站曾经进行了专项调查，结果发现超过一半的职场人士每天都会抱怨几次，极少数职场人每天会抱怨几十次。此外，他们抱怨的内容超过八成都是与工作相关的。这一系列的比例是惊人的，这意味着大多数人在工作

第七章
清除障碍，坚持终身成长，实现人生逆袭

的过程中始终在抱怨工作。试问，如果一直对工作心不甘情不愿，又如何能够做好工作呢？

与其抱怨工作中充满了不公平，让自己感到委屈，不如静下心来探究抱怨的真正原因是什么。事实证明，大多数情况下职场上都是公平的，我们之所以抱怨是因为自身能力不足，无法胜任更艰巨的工作任务，因而只能把责任归咎于外部的人和事情，也只能侧重于关注工作的不足之处。例如，很多职场新人无法胜任工作，导致在工作过程中频繁出错，又因为缺乏经验而无法圆满地处理问题。面对这样的情况，切勿抱怨，而是应该积极地求教经验丰富的老同事，或者以参加培训、自学等方式补上知识的短板，这才是当务之急。

和积极地处理问题相比，抱怨导致我们错失良机，使事情变得更棘手。最糟糕的是，一旦养成爱抱怨的坏习惯，我们就会在固化思维模式下不假思索地抱怨。任何时候，我们都要积极地反思自身的问题，也主动地改变自己的行为举止。对解决问题而言，以抱怨的方式发泄情绪于事无补，想方设法地解决问题才是根本之道。很多人都发现以抱怨的方式推卸责任往往事与愿违，反而还会因为这样的态度而饱受诟病。

不抱怨，还有利于与同事之间建立良好的关系，既做到精确分工，也做到密切合作。在不同规模的组织内部，分工与合作都是至关重要的。在齐心协力完成工作的过程中，人人都竭尽全力贡献力量。在这种情况下，如果团队的工作因为某个人的失误或者能力不足而出现问题，那么切勿抱怨，更不要指责，而是要互相理解和体谅，更要用心包容。对整个团队而言，要想保持最佳工作状态，使工作得以顺畅推进，所有团队成员之间就要毫无芥蒂与隔阂，精诚团结与协作。如果团队中常常有人心怀抱怨，那么整个团队工作就会一波三折，出现各种状况和问题，整个团队也会因为抱怨而变得如同一盘散沙，毫无凝聚力可言。

爱抱怨的人会成为负能量的源头，在整个团队中散播负能量，传递负能量。人都是趋利避害的，人人都愿意与充满正能量的人交往，而不愿意与充满负能量的人相处。如果想要受人欢迎，就不要以抱怨的方式夸大困难，也不要以抱怨的方式使整个团队充满负能量，更不要用消极的心态打消他人的积极心态。正如人们常说的，办法总比困难多，所以越是在艰难的时刻，我们越是应该保持情绪稳定的状态，这样才能发挥理性，想出各种办法集中力量解决问题。

总之，从现在开始，不要再抱怨了，不妨换一种方式表达。例如，以赞美的话说出自己的期望，这既能消除对方的敌对心理，也能让对方心甘情愿地朝着我们期望的样子去努力。此外，要用真诚合理的提议代替抱怨。绝大部分职场人士都对自己的薪资待遇水平不满意，因而试图找到合适的机会向上司请求加薪。注意，一定要找准机会。最好的时机是你取得成绩之时，否则，如果你自从进入公司就默默无闻，可有可无，随时都能被他人取代，那么你有什么资本申请加薪呢？除了对薪水不满意之外，还有些人对公司的某些规章制度不满意。要想建议上司修改规章制度，就要先找到充分的证据证明规章制度的不合理，此外还可以预先准备好合理的建议，这样才能达到预期的效果。总之，我们既要关注问题本身，也要讲究解决问题的方式方法。既然良药苦口，忠言逆耳，那么我们就可以给苦口的良药穿上糖衣，对逆耳的忠言加以修饰。

明确目标，不再浑浑噩噩

在职场上，设立清晰的目标是至关重要的。有目标，才有方向，才能按照目标的指引，集中所有的资源和所有的力量，全力以赴地实现目标。这种自发的力量是非常强大的，拥有这种力量的人意志坚定，无须他人的监督，就能以最佳状态奔赴未来。和他们相比，职场上还有很多人则特别迷茫，压根不知道自己想要怎样的生活，更不知道自己将会拥有怎样的未来。他们习惯于随波逐流，会因为迷失了方向而最终不知所终。他们没有目标，一切的努力都是随机的，都漫无目的。那么，他们为何没有目标呢？

有些缺乏目标的人心理脆弱，他们既担心无法完成目标，又害怕身边的人会随意地评判自己，或者以成功为标准衡量自己。为此，他们索性假装自己丝毫不想获得成功，也不在乎能否获得成功，最终以敷衍了事、漫不经心的态度混迹职场。还有些缺乏目标的人特别害怕失败。他们一旦明确了目标，就会把自己的收获与他人的收获相比较，也会审视自己是否取得了进步或者想要的结果。这样的比较和评判使他们害怕，为此他们索性远离目标。不可否认的是，目标的确会给人以压力。如果能够改变心态，把压力转化为动力，那么我们就能持之以恒地努力，坚持不懈地进取。时间的复利会让努力成倍增长，最终帮助我们无限接近目标。

在竞争激烈而又残酷的职场上，"顺其自然"是最无奈的选择。当一个人怀着顺其自然的心态，就不会再拼尽全力去努力，就不会再以更高的目标作为自己的动力源泉，就会自动地把自己划入普通平凡的一类中。长此以往，他们的自我设定就会出现局限性，这使得他们放弃了人生中更多的可能性。例如，一个新闻系毕业的人不愿意从事信息工程的相关工作，一个理科出身的人则很害怕维护公司的公众号，一个始终在传统销售领域推销的人畏惧网络营销，一个学习绘画的人不敢在KTV里一展歌喉……谁说我们就不能跨专业就业，或者跨界经

第七章
清除障碍，坚持终身成长，实现人生逆袭

营呢？只要我们相信自己能够做到，奇迹就会发生。

大学毕业后，和其他同学都火急火燎地找工作不同，萌萌一点儿都不着急，而是整日四处游荡，非常潇洒。直到同学们都度过了为期三个月的试用期，顺利转正，萌萌才终于玩够了，开始找工作。

过了毕业季也就过了招聘季，萌萌原本以为错峰找工作的竞争不那么激烈，会相对容易，结果却发现自己打错了算盘。原来，过了毕业季和招聘季，很多公司都处于满员状态，压根没有招聘的计划。后来，在同学的介绍下，萌萌进入一家互联网公司当了客服。其实，萌萌的本专业是财务管理。不过，她并不喜欢和冷冰冰的数字打交道。当然，她也没有想到自己真正要做什么。她才做了几个月的客服工作，就开始连连抱怨。因为没有更好的选择，她就这样一边抱怨着，一边工作着。她时常叫嚣着要辞职，却因为还要支付房租而不得不作罢。转眼之间，几年过去了，萌萌还在当客服。这个时候，很多同学已经在工作上小有成就，成了基层管理者。在同学聚会上，看到同学们意气风发的样子，萌萌羡慕极了。

显然，萌萌是一个对未来没有规划的人，也没有明确的目标。这一点，从大学毕业之后不当即找工作，对客服工作不满意却依然勉为其难地继续这份工作上，可以得到充分的验证。如果萌萌能当机立断地改变现状，果断地辞掉客服的工作，想

清楚自己想要长久地从事哪个行业，继而想方设法地进入喜欢的行业，坚持做热爱的工作，那么相信几年下来萌萌一定会有所收获。

人人都会感到迷惘和困惑，每当这个时候，我们就要静下心来思考人生，想清楚自己想要拥有怎样的生活。人生如果没有目标，就会变成一场流浪。与其白白地浪费宝贵的生命时光，不如先放下手中正在做的一切，问清楚自己的内心。此外，在工作的过程中，目标还会给予我们更多的能量，让我们拥有持久的力量。唯有清晰的目标才能激励我们不断前进，唯有明确的目标才能激励我们斗志昂扬。

在实现目标的过程中，我们渐渐地学会了取舍。对于那些能够帮助我们实现目标的事情，我们会用尽全力做好；对于那些不利于我们实现目标的事情，我们则会根据实际情况酌情取舍。在被各种各样的人生琐事打扰时，我们还会因为紧盯目标而保持专注。否则，在人生的旅程中，没有目标的人很容易会在岔路口选择错误的方向，或者犯南辕北辙的错误。

目标就像是人生的领航灯，哪怕人生中充满了迷雾，明亮的灯光也会为我们指出前进的方向。目标是人生动力的源泉，激励我们哪怕遭遇万难，也要始终向着目标的方向前进。目标分为远期目标、中期目标和短期目标。人生目标是远期目标，常常因为距离现实太过遥远而被人忽视和遗忘。为了始终坚持人生目标，可以对目标进行分解，例如，把人生目标划分为中期目标，再把中期目标划分为短期目标。短期目标就像是一级级台阶，当我们拾级而上，就渐渐地实现了中期目标，最终一定能够实现远期目标。在实现目标的过程中，我们不断地攀登人生的台阶，也会因此而获得成就感，使自己更加充满动力地努力向前。

需要注意的是，目标一定要精简。有些人非常贪心，恨不得当即给自己设置无数个目标。殊不知，当目标过多，就相当于没有目标，毕竟人的时间和精力是有限的，不可能实现所有的目标。既然如此，我们就要进行聚焦，把所有的时间和精力都用于实现少数目标上。最好的办法是列举自己所有的目标，然后选出其中与自己的现状最紧密相关的目标，对于那些相似的目标还可以进行合并，由此一来目标就会变得更加凝练。此外，目标不宜过大，因为过大的目标脱离实际，我们即使坚持努力也无法实现，反而会使我们懈怠。目标也不宜过小，因为过小的目标无法起到激励的作用。只有适度的目标，才能激励我们努力向上，奋力拼搏，实现最终的远大目标。

谁的优秀不是努力的结果

　　心理学家经过研究发现，大多数人的天赋都相差无几，之所以有的人成功，有的人失败，有的人出类拔萃，有的人默默无闻，并不是因为天赋的差异，而是因为努力的程度不同。正如人们常说的，努力了不一定有收获，但是不努力注定没有收获。要想从平庸变得优秀，我们只能加倍努力。

　　在职场上，很多人天资平平，每当看到别人比自己更优秀，他们就会自怨自艾，愤愤不平。为此，他们选择不再努力，把别人的成功和自己的失败都归结为外部原因，仿佛这样就能推卸掉所有的责任。长此以往，他们的状况只会越来越糟糕，因为在竞争激烈的职场上，这样的人很少会得到机会，更难以谋求发展。与自暴自弃的人不同的是，有些人选择奋起直追。他们直面差距，承认差距的存在，继而以积极向上的姿态努力缩小差距，努力提升自我。渐渐地，他们变得越来越强大，不断向着优秀者靠拢，直到自己也变得足够优秀。

　　要知道，所有优秀者都不是靠着运气获得成功的，即使得到了外部的助力，优秀者也必须自身足够努力，才能抓住运气，收获成功。我们一定要看到优秀者为了获得成功而付出的努力，也要积极地向优秀者学习。只有承认优秀者的努力，我

第七章
清除障碍，坚持终身成长，实现人生逆袭

们自身才会变得越来越努力。反之，如果我们总是否定优秀者的努力，那么就会继续闭目塞听，自欺欺人，继续懒惰拖延，不思进取。对每个人而言，能够认识到他人的杰出是很难的。尤其是那些自我认知水平较低的人，往往会高看自己，甚至狂妄自大。越是面对比自己优秀的人，他们越是不屑一顾，不以为意。他们之所以这么做，目的只有一个，即通过贬低对方，使自己坚定不移地相信只要获得同样的条件，就会获得比对方的成功更大的成功。然而，这样的假设根本不存在，所以也就无从验证。

和自我认知水平低的人相比，自我认知水平高的人拥有开放包容的心态，拥有发散性思维，也能够看到他人出类拔萃的表现。他们不会被固有的认知束缚和禁锢，而是能够怀着理性的态度，客观地看待和评价自己与他人。他们很清楚自己有哪些缺点和不足，也很清楚他人身上有值得自己学习的地方，为此他们会主动伸出橄榄枝，与那些优秀者结交，成为优秀者的同行者。从心理学的角度来说，自我认知水平低的人往往很自卑，所以才会选择性地忽视他人的努力和上进。退而言之，他们即使知道自身与优秀者的巨大差距，也会为了逃避选择刻意贬低对方，放大对方的缺点和不足，仿佛以此就可以忽视他人的优势和长处。这样的自我安慰本质上是自我麻痹，也是自欺欺人。此外，自我认知水平低的人之所以不愿意认可他人的优

秀，还是因为自身过于争强好胜。很多人从小就在父母的期望中长大，这使得他们过于看重胜负输赢，总想要与同行者一较高下，因而缺乏承认优秀者的气度和胸怀。他们以这样的方式逃避竞争的压力，与此同时也失去了成长和前进的动力。

不可否认的是，职场上竞争的激烈程度前所未有，给每一位职场人士都带来了巨大的压力。为了能够在竞争中脱颖而出，我们首先要承认优秀是努力的结果，这样才能激发自身更强大的动力。其次，要为自己树立榜样，最好从身边选择某个人作为自己的榜样，这样就能时刻以对方为标杆，促使自己坚持进步。再次，学会借力，提升自我。从某种意义上来说，优秀者是一种非常宝贵的资源，当身边有优秀者时，我们要充分利用这个便利条件提升自我。例如，向擅长英语的同事请教如何提升口语水平，向精通电脑的同事学习如何利用网络进行营销，向人缘好的同事学习人际相处之道。在职场上，每个人都会使出十八般武艺，我们一定要怀着空杯心态，积极地向身边的人学习和取经。尤其是对于那些富有经验的老同事，切勿因为对方学历低或者毕业院校并非名校，就打心眼里小瞧对方。任何大学都不如社会这个大熔炉更能历练人，那些能够经过社会考验并且事业生活风生水起的人都是人中龙凤，他们的为人处世之道、工作和生活之道，是无法从任何书本上学会的。古人云，三人行，必有我师。在工作的过程中，每一位同事都应该成为我们的学习对象,我们要博采众家之长,才能成为真正的优秀者。

此外,做事情要坚持多做少说,社交要坚持多听少说。造物主之所以给每个人两个耳朵、两个眼睛和一张嘴巴,正是为了让人们多看多听,少说话。俗话说,言多必失,祸从口出。我们如果能用心地观察优秀者的行为表现,以及他们是如何积极工作的,我们就能从看热闹到看门道,学会职场之道。绝大多数优秀者都非常珍惜时间,所以在向优秀者请教时,切勿浪费他们的时间,而是要长话短说。大文豪鲁迅先生为了节约更多的时间进行文学创作,特意谢绝一切与工作无关的拜访,正如他所说的,这个世界上哪里有天才,他只是把别人喝咖啡的时间用于写作而已。看来,我们与优秀者之间的距离并不遥远,只有"努力"而已。

拓展社交圈子,让人生有更多可能

现代社会,人脉资源被提升到前所未有的高度,很多人都意识到必须打破现有的社交圈子,发展更为丰富的人脉资源,才能不断成长。否则,总是把自己禁锢在固有的社交圈子里,总是抵触和抗拒新鲜的观点、思想和事物等,我们的认知就会处于低级水平，限制成长。

针对人脉资源，斯坦福研究中心专门进行了调查，结果显示，人们依靠知识赚取的金钱只占所有收入的大概百分之十，而依靠关系赚取的金钱则占到所有收入的大概百分之九十。这个数字是惊人的，这意味着人际关系对现代人而言至关重要，不但关系到现代人的娱乐和休闲生活，更关系到现代人的职业生涯发展。通常，单独个体之间的关系被称为人际关系，而在不断地升级和扩大关系之后，人际关系网就会变成社交圈子。近年来，还有人提出了社交圈层的概念，比社交圈子更加形象准确。

对大多数人而言，社交圈子可以分为两个部分，一部分是有血缘关系的亲人，另一部分是没有血缘关系的朋友。众所周知，血缘关系是不能选择的，所以拥有怎样的父母、兄弟姐妹和七大姑八大姨等，是我们无法选择的。与此相对应的是，我们可以选择结交怎样的人作为朋友，也可以决定自己拥有多少朋友。

人类学家邓巴专门研究过友谊，发现可以从六个方面解释友谊。这六个方面分别是共同语言，距离很近的出生地，相差无几的教育背景，共同的志趣爱好，相似的世界观、人生观、价值观以及政治观点，幽默感。毫无疑问，朋友之间契合的维度越多，关系就越是亲密无间，友谊就越是深厚。简言之，人

第七章
清除障碍，坚持终身成长，实现人生逆袭

与人之所以能走到一起，就是因为志同道合、观点相符，从而出现了同频共振的精神与情感现象。

一般情况下，大脑容量决定了心智认知能力，而心智认知能力的高低则决定了个人能力的强弱，也决定了个人拥有怎样的社会地位和社交范围。从心理学的角度进行分析，我们会发现很多个体的思维方式、意识活动和行动等都是与所处的集体一致的。这意味着个人的选择决定了朋友圈的层次，朋友圈的层次反过来又作用于个人的生活品质。所以，如果对当下所拥有的生活状态感到不满，我们最先要做的不是改变自己，而是先改变社交圈子，最好能够给社交圈子注入新鲜的血液。

遗憾的是，很多人都拘泥于现有的社交圈子，他们哪怕明知道拓展社交圈子对于自己的人生发展有极大的好处，也不能勇敢地主动结交更高圈层的朋友。这是缺乏自信的表现。很多人都对比尔·盖茨退学创建微软帝国的传奇经历耳熟能详，却忽略了若只靠退学这一个行为，比尔·盖茨是无法获得成功的。他有很多不为人知的资源，例如，他的父母都给予了他很大的助力，尤其是父母所拥有的丰富社交资源，更是为他创建微软帝国提供了无限可能性。

当然，作为无名小卒，在既没有人牵线搭桥，也没有资本的情况下，很难组建更高层次的社交圈子。从这一点上来

看，我们必须提高自身的可交换价值，努力提升自我价值，这样才能抓住各种机会结交更多人，也才能让自己变得值得被他人"利用"。正如有些人所说，被利用不可怕，可怕的是我们压根没有被利用的价值。例如，在职场上，每个人都有一技之长，我们可以向精通电脑的同事请教如何使用电脑、利用网络，也可以发挥自己的所长，帮助对方撰写文件，处理文字稿等。此外，构建属于自己的更高社交圈层是有捷径的，即找到"人脉枢纽"。所谓"人脉枢纽"，就是那些拥有丰富人脉资源的关键人物，在他们的引荐下，我们可以很容易地结交自己想要结交的人，也获得自己需要用到的人脉资源。有的时候，结交一个能量巨大的"人脉枢纽"，比我们煞费苦心地结交若干个朋友更加有效。前者相当于直抵核心，后者则是迂回曲折，既浪费时间，也浪费精力。吸收了别人的成功经验，我们才能实现自我的成长。我们想要变成什么样的人，就同什么样的人交往。不要总在熟悉的圈子里混，要尝试着去结交不同行业的朋友，想方设法地扩大自己朋友圈的范围及层级。

现代社会中，很多年轻人都不愿意社交，除了工作，他们最喜欢做的事情就是宅在家里，吃美食，在网络上浏览消息，或者玩网络游戏。不得不说，在虚拟的网络世界里，很多人都变得越来越自我封闭，只有投身于宽阔的社交天地，我们才能增长见识，扩大人脉资源，见识更精彩的世界。当然，这里所说的宅家与高质量的独处是完全不同的。所谓独处，指的是独自享受一个人的美好时光，专注地做自己喜欢做的事情，获得精神和情感上的富足。看起来，独处也是独自在家，但是独处的精神世界是敞开的，也是丰富精彩的。宅家的精神世界则是封闭的，也是单调枯燥的，且毫无营养可言。为了改变宅家的状态，一定要积极地走出家门，进行社交，感受到在现实世界里与人相处的鲜活与美好。也许在某一个契机，我们就会结识某个人，或者因为听到如雷贯耳的一句话，由此改变人生的轨迹呢！

打破年龄怪圈，何时开始都不晚

很多人都怀有梦想，却迟迟不愿意努力行动，把梦想变成现实。在无限度的拖延中，他们变得越来越畏缩、胆怯，也遗忘了自己最初用来拖延的借口，而是有了一个新的借口：年纪大了，经不起折腾了。他们最常挂在嘴边的话就是"如果我现在三十多岁，我一定毫不迟疑地去做""如果时间倒退十几年，我压根不会有任何顾虑""可惜这个机会到来得太晚了，我还是将其让给年轻人吧"。不要觉得说这些话的人已经垂垂老矣了，他们很有可能只有四十出头，正值不惑之年的大好时光，他们却就这样以年龄作为挡箭牌，任由自己随波逐流。

在美国，摩西奶奶当了一辈子农妇，整日操持家务，直到七十多岁的高龄才拿起画笔开始作画，却成为了高产画家，还开办了个人画展。和摩西奶奶相比，我们真的老吗？在日本，有个老奶奶突发奇想要亲自爬上富士山，因而几次三番地尝试攀登富士山，最终在七八十岁的高龄如愿以偿，创造了生命的奇迹。和她相比，我们真的老吗？如果说七八十岁的老人还能攀登人生中的又一个巅峰，那么我们有什么理由在四五十岁的年纪，甚至在三十多岁的年纪就选择放弃尝试改变呢？

不管何时，只要我们坚定不移、当机立断地开始行动，致力于把想法变成现实，就不算晚。好机会总是不期而至，又转瞬即逝，所以面对千载难逢的好机会，我们要毫不迟疑地牢牢抓住。面对好的想法，哪怕只是一瞬间迸发出来的灵感，我们也要当即勇敢地进行尝试。在任何情况下，时光都不会倒流，生命更不会逆行，所以以年龄为借口选择不再奋斗，只是内心怯懦的表现，和真正的年龄根本无关。

无数人都以年龄作为借口，认为年龄阻碍了自我前进和成长的脚步。心理学家认为，这是逃避现实的表现。新生命从呱呱坠地开始，在十几年的时间里都要依靠父母的照顾才能生存，等到成年之后的一段时间里，也依然需要父母帮助和扶持

第七章
清除障碍,坚持终身成长,实现人生逆袭

才能坚持成长。当真正长大成人,成为完全独立的生命个体,我们不但要负责养活自己,也要负责照顾家庭,还要抚养幼小和赡养老人。在日益增大的压力下,我们必须挺直脊梁,让自己的肩膀更加充满力量。生活的担子固然很重,但只要我们全力以赴,就能扛起生活的重担,也就能无畏生活的磨难。

在网络上,常常有中年人在一瞬间崩溃的视频,视频中有人蹲在街头号啕大哭,有人在医院里看着化验单痛哭失声,这是每个人都不愿意经历的绝望时刻。然而,哭过了,还要擦干眼泪前行,因为生活还在继续,压力未曾减轻。面对生活的局促和压力,有人忍不住陷入幻想之中,想要回到没有忧愁的童年时代,想要摆脱家庭的负担变成自由自在的单身汉,想要去一个没有人的地方远离生活的琐碎和忧愁。这只是不切实际的幻想而已。暂时地沉迷于幻想,能够帮助我们减轻压力,长时间耽于幻想,却会消磨我们的斗志。面对生活的苦,每个人都应该成为一个斗士,可以暂时与生活休战,却最终要全力以赴地与命运博弈。

当以年龄为借口试图"躺平"时,我们不妨想一想年龄大的好处。在职场上,很多行业里,年龄大的员工拥有丰富的工作经验,这是最雄厚的资本。在与很多年轻人的竞争中,他们也许缺乏热情和激情,但是却稳重踏实,也不会因为一时心血来潮就要辞职。由此可见,只要渴望获得成功,也实实在

在地行动起来追求成功，年龄就不会限制我们，更不会成为我们的短板。一个人只要真正有能力，有志气，也有决心，有毅力，就能排除万难获得成功，更何况是年龄这个小小的困难呢！

如今，职场上很多人都陷入了中年危机，面对如约而来的中年，一定要摆正心态，避免盲目悲观绝望，也要避免陷入冲动的情绪之中。人人都不甘平庸，都想出类拔萃，那么就要稳扎稳打，走好人生的每一步。例如，在三十多岁的年纪，就可以提前规划未来十年的职业生涯发展，预先补足短板，未雨绸缪地做好充分准备。这样一来，等到进入不惑之年，我们就会具备很多便利的发展条件，也就不会为人到中年而感到焦虑和紧张了。此外，当确定自己不喜欢当下的工作和生活状态时，一定要当机立断地改变，切勿拖延。既然知道年龄是一个小小的障碍因素，那么就要赶在年龄还不足以影响自身决策的时候当机立断。退一步而言，哪怕已经人到中年，只要明确了自己对未来的规划，就可以勇敢地去做。只要开始，何时都不晚，这一点是毋庸置疑的。相比各种想法，行动才是真正迈出了第一步。

总而言之，年轻人有年轻人的年龄优势，中年人也有中年人的年龄优势。处于人生的不同阶段，我们都要充满自信，意识到自己的长处和短处，才能扬长避短，取长补短。例如，面

第七章
清除障碍，坚持终身成长，实现人生逆袭

对一个四十多岁的中年女性，用人单位也许会考虑到中年女性的孩子已经读大学，基本不再需要照顾，所以中年女性反而没有后顾之忧，可以全力以赴地投入工作。这就是中年女性的年龄优势。

古今中外，很多伟大的人都是大器晚成的，因为在经过了人生的积累和沉淀之后，他们才拥有开阔的眼界、博大的胸怀，也才能做到厚积薄发，一举成名。记住，年龄从来不是障碍，更不是我们凑合度过余生的借口。只有发挥年龄的优势，只有当即着手创造自己想要的生活，我们才不枉此生。

参考文献

[1] Windy Liu.心智突围[M].南昌：江西人民出版社，2020.

[2] 李默成.心智突围[M].北京：台海出版社，2020.

[3] 李睿秋.打开心智[M].北京：中信出版社，2022.

[4] 李书玲.心智成长：开启高效学习成长模式[M].北京：人民邮电出版社，2021.